| 名 人 推 荐 |

中产家庭是近10年在中国社会迅速壮大的一个群体，他们过往靠勤劳和智慧积累了财富，向上渴望跨越阶层实现财富自由，但是又时刻处于手停口停的危机中。本书的作者用翔实的数据和生动的案例为中产家庭描述了一条跨越阶层的道路，为中产家庭带来一服财富自由、生活自由、心灵自由的解药。

——秦朔（秦朔朋友圈、中国商业文明研究中心发起人）

当下中国的财富管理市场，正经历着一场深刻的变革，传统财富管理机构由卖方代理向买方代理转型，需要大量能够独立思考，能够以投资人利益为先，能够从传统产品思维转化为账户思维的理财师，给予投资人专业、有温度的服务。很期待李蓉的这本书能够启发千万中产家庭，使其看清中国社会已经启动的从楼市到股市的核心资产转移，跟上居民财富搬家的历史车轮，积极调整家庭资产结构，不要被时代遗落。

——陶荣辉（嘉实财富总经理，嘉实基金董事会成员）

市场上讲理财的书，多数从投资角度出发，关注的是投资本身的品种和收益。本书从真实案例出发，把理财和中产家庭的生命周期结合起来，对标家庭的成长目标，具有很强的可读性和实操性。我国金融市场短短几十年走过了西方国家几百年的发展道路，层出不穷的理财产品，瞬息万变的市场环境，对于很多家庭来说都是巨大挑战。期待本书读者能够以健康的心态加正确的方法，实现财富自由和心灵自由。

——张志安（中山大学教授）

普 通 人 的 财 富 自 由

塔拉庄园
Tara Financial Planning

| 塔拉庄园财富系列 |

普通人的
财富自由

李蓉 著

SPM
南方出版传媒
广东经济出版社
· 广州 ·

图书在版编目（CIP）数据

普通人的财富自由 / 李蓉著. —广州：广东经济出版社，
2020.11

ISBN 978-7-5454-7307-0

Ⅰ.①普… Ⅱ.①李… Ⅲ.①财务管理－基本知识
Ⅳ.①TS976.15

中国版本图书馆CIP数据核字（2020）第132978号

责任编辑：刘　倩
责任校对：杨　蕾
责任技编：陆俊帆
插　　画：KinKi
封面设计：杨晨尧

普通人的财富自由
PUTONGREN DE CAIFU ZIYOU
李蓉　著

出版人	李　鹏
出　版 发　行	广东经济出版社（广州市环市东路水荫路11号11～12楼）
经　销	全国新华书店
印　刷	广东信源彩色印务有限公司（广州市番禺区南村镇南村村东兴工业园）
开　本	880毫米×1230毫米　1/32
印　张	6　　8插页
字　数	90千字
版　次	2020年11月第1版
印　次	2020年11月第1次
书　号	ISBN 978-7-5454-7307-0
定　价	49.00元

图书营销中心地址：广州市环市东路水荫路11号11楼
电话：（020）87393830　邮政编码：510075
如发现印装质量问题，影响阅读，请与本社联系
广东经济出版社常年法律顾问：胡志海律师
·版权所有　翻印必究·

普通人 · **财富自由** · 距离

事儿有凑巧，看完李蓉撰写的《普通人的财富自由》一书，我就参与了某财经节目的录制，谈到"疫情时期如何看好自己的钱袋子"时，诚实的我心里一咯噔。

这个话题，适合李蓉登台来谈。大家术业有专攻，若谈如何月光，我倒是极有经验的。

毕竟，从业18年的我，不管月薪是多少，不管生育前后，都是月光一族。故而，我自嘲地将签名档拟为"是银子总是会花光的"，这签名档一用就是10多年。

掩卷苦笑，我即是李蓉文中诸多例子的现实化身。虽然是曾有长达16年经验的财经媒体工作者，但被问及如何投资时，我自始至终都诚实地说，投资在自己身上。不要舍不得买好书、看好的影视作品，不要舍不得吃好的，不要舍不得停下来看外面的大好河山，也不要舍不得花时间和值得相交的人结交……如果不是因为国内义务教育学区与住房的关系，我也不打算买房子。

所以，我的生活观与财富自由的距离一直是很遥远的。

大多数人买股票都没能赚到钱。我是因为财经媒体的行业自律而不炒股，否则，当我报道了某家上市公司的时候，被唧唧歪歪："你和你的家人买了这家公司股票，有利益冲突，违背职业道德。"多不值！道德风险也是风险呀。

我有闺蜜早先在广州买了三四套房子，希望通过收租实现财务自由，有的人做到了。但现在入房市合适吗？30岁之前，如果你有100万元，是愿意让自己打开世界的大门，还是要把自己困在房子里？这种权衡还是属于个人意识的范畴。

不过我很早就给自己配备了商业保险，原因无他，常年出差，就怕意外。

除此之外呢，我没有其他的理财计划。并不是不知道要开源节流，也不是不知道长期来看，权益类资产一定能跑赢大多数资产。

理财除了与意识相关，还与能力相关。

我们能分析一家公司的财务报表，知道价格是围绕内在价值上下波动的，始终要回归，但是为何大多数人买股票都没能赚到钱？李蓉说了一个原因——从错误定价恢复到正确定价的过程，不知道有多久，很多人等不到那一天，就抛售了。我要说另一个原因——普通人看不太明白价格背离价值有多少种人为因素，你能看得更远一些吗？

2020年2月12日，美股达到历史最高点29568点。美国参议院情报委员会主席，特朗普团队国家安全顾问查德·伯尔，在高点清空了自己和妻子账户持有的33只股票，总计170万美元。下跌熔断则一直拖到3月9日才发生，随后我们知道在3月19日发生了2020年来的第四次熔断，十天四次熔断制造了"我们陪巴菲特老爷爷见证的历史"。

查德·伯尔知道美国政府内部对疫情的判断而出手股票，这种事情在我们看来涉嫌内幕交易罪。但查德·伯尔和他妻子并不是美国证券法所规范的对象，因此，其行为不构成内幕交易罪，不需要承担法律责任。

从这个案例中你可以看到一个事实：与资本关系密切的群体从资本的交易中获益的概率是比普通人要高的。

在本书中提到的临界点（40岁左右）出现时，理想状态是理财型收入已经可以和工作型收入持平了。再往后，理财型收入就超过了工作型收入。当理财型收入可以覆盖甚至多于所有的花销时，就意味着你进入了财富自由的状态。

我已届不惑之年，却仍然是手停口停的状态。在录制节目的现场，被问及在当下，大家对理财的态度是要激进还是要保守时，我还是暴露了自己的保守。

我说，现在（2020年3月）谈后疫情时代还太早，现在还在抗疫阶段。我们面临的问题有两个：第一，我们面临确定的不确定性，我们确定2020年不是一个"好过"的年，开局就崩，经济未来可能陷入衰退。市场还是高估了中国经济反弹的力度。A股是避风港吗？外部订单陆续取消，还有影响没有爆发出来（看看欧美国家的抗疫节奏）。第二，我们也面临不确定的确定性，我们当然确定生活会继续，经济会好起来，但无法确定什么时候会好起来。我们确定人类会战胜新冠疫情，但不确定好转的时机。这取决于科学家们与病毒的对抗赛，取决于政治家们是否做好应做的公共安全管理工作。

中金预测中国2020年的GDP增速为2.6%，野村预测的更悲观，是1.3%。经济的恢复，并不是应声而起的。真到了后疫情时代，请留意，世界格局正在改变，全球化已经有了巨大的隔阂，随之而来的全球产业链的变迁会改写国际大公司的成本结构，基于过去全球化已经形成的市场、经济格局，也会对老百姓的菜篮子有直接影响。

那么，普通人在这一年里，在真的进入后疫情时代的岁月里，该如何度过呢？是选择稳健为上，现金为王，还是主动出击，危中寻机？

我想，最好的办法是增加对经济的理解，增加对理财的认知。阅读李蓉这本书就相当有助益。"理财师理的是财，医的却是人心"，说的倒也不假。毕竟，手头宽裕的家庭不容易百事哀。

能通过理财实现财富自由，大概需要具备两个前提：其一，对财富、理财有正确的看法；其二，有专业、靠谱的理财途径。

确实，普通人如你我，都有对财富自由的期望。至少，要尽力缩短自己与财富自由之间的距离，固然，这是一条无尽的学习之路。

李　银

（企业顾问、前财经媒体人）

2020年3月27日于深圳

目录

七 说几个大家感兴趣的另类投资

这些热门的投资领域能不能投？怎么投？

八 那些走向财富自由的人儿

完成资产配置后如何回顾和跟踪？

引言

　　小爱曾经反复和我的助理确认关于理财咨询的各种细节，来到我工作室的那天，第一眼我就觉得她很缺乏安全感。但是又很不应该。说起她的家庭状况，她自己和先生都是企业的高管，薪酬也很市场化。有一个孩子在读重点小学，老人和他们一起住，帮忙照顾家里。虽然经济稳定，家庭和睦，可是她总是很焦虑。

　　担心经济不好，担心房价下跌，担心孩子学习，担心老人身体……要操心的事情很多，却总绕不开一个"钱"字。

　　在中国，大概有上百万个小爱这样的家庭：夫妻双方都有工作或者一人工作一人管家；有一个或两个孩子在上学，倾注了全家的物力、财力；家庭的主要资产是几套房子；幸运的话，两对老人身体健康，还能帮忙带一下孩子；家庭年收入过

001

百万元，但是年支出也过一半；收入来源主要是工资收入，几乎没有理财型收入；等等。

和所有发达国家的中产家庭一样，中国的中产家庭也在深深的焦虑中煎熬：渴望跨越阶层实现财富自由，但是又时刻处于手停口停的危机中。

不仅仅中年有危机，青年也有心结。

我的师弟小新，去年突然在自己的微信公众号上说要辞职。好好的某巨头互联网公司的资深产品经理不做了，一年少了几十万元的收入。

——自媒体带来收入了吗？

——没有。

——哪来的底气？

——这不找你来了嘛。

世界那么大，我想去看看。年轻人越来越不满足朝九晚五的工作，想要尝试新鲜事物，想要实现自我，想要更多的可能性。

所有的不安和欲望，都需要一服解药——财富自由。

什么是财富自由？

大多数人会觉得这是有钱人才能去想的事情，和我没有任何关系。

很少有人会知道，通过简单的财务规划，你也可以实现财富自由。

这本书，将带你详细剖析小爱家庭和小新家庭的财富自由之路。

什么是财富自由？如何设定财富自由的目标？如何通过三个步骤来实现财富自由？理论加案例，相信聪明如你，也能轻松上手。

做了10多年的理财师，我越来越感觉理财师理的是财，医的却是人心。愿此书的读者都可以拿到财富自由的解药，学会用钱生钱，进而实现生活自由、心灵自由。

扫码收听：

引言

下一站，
财富自由

中产家庭距离财富自由有多远？

（一）财富人生的三个阶段

财富人生的三个阶段：白手起家、第一桶金和财富自由。

从起点站白手起家，到获得第一桶金，这是人生的原始积累期。从0到1是最辛苦的，在这个阶段，你即使遇到一些很好的投资机会，因为没有原始积累，也不得不放弃。

那么积累到多少钱才是攒够了第一桶金呢？这就因人而异、因时代而异了。在20世纪80年代，可能是第一个10000元；在当下，可能是第一套房子，或是第一个100万元。

到达第一桶金这个中途站点后，可不要匆忙下车哦。因为还有下一站——财富自由。

我们理想中的财富自由，就是躺着赚钱的生活，自己不用打工，让钱来给自己打工。

到底要拥有多少资产才算实现财富自由了呢？

很多人以为财富自由一定要有马云的身家、王思聪的家世，其实真心不然。我经常和朋友玩一个现金流游戏，一开始抽到医生、律师这样的高薪职业，可能还不如一个门卫，后者能够更快跳出原始积累的圈圈，实现财富自由。这是为什么呢？因为门卫的开销少，富豪的开销多。而财富自由是希望理财型收入覆盖自己的支出，所以开销少的人群，原始积累的目标就小。

我们一生中有两种收入：一种是靠劳动获得的，叫"工资型收入"；还有一种是靠投资获得的，叫"理财型收入"。

当理财型收入能够覆盖你家庭全部开支的时候，你便不用工作也可以无忧无虑地生活了。这就是我们说的实现了财富自由。

所以你看，财富自由的门槛并不是固定的，而是浮动的，具体的数字取决于你的欲求。

但是，无欲无求的生活就一定好吗？那我们生活的目的是什么呢？

之前看过这样一则故事，一个程序员年轻的时候被女友伤害过，分手后将全部精力投入工作中，职级提升，薪酬高涨，但是由于被伤害得太深，也因为工作需要高度专注，所以他一直选择独居，也抗拒亲密关系。一天，他对来看他的大学同学兴致勃勃地说，打算再积累几年经验，然后自己创业，争取45岁在二线城市实现财富自由。

同学问了他三个字："然后呢？"

他突然懵了。这些年除了工作，他没有任何兴趣爱好，实现了财富自由意味着不用工作，可是如果连唯一的精神寄托工作都不要了，要财富自由干吗呢？

我们想要的，从来不只是财富自由，而是有温度的财富自由。

所以我的家庭财务规划建议从来都是尽量保持生活品质，少在节流上打主意，多在开源上想办法。

正如老子在《道德经》里说："凿户牖以为室，当其无，有室之用。"他说建筑是有形的东西，但是做出来之后真正有作用的不是有形的墙瓦，中间空出来的无形的空间才能为人们所用。

财富自由亦然。财富自由不是为了财富，而是为了自由，不用以时间换金钱的自由，心灵无比轻松的自由，实现梦想的自由。

无论是面朝大海，春暖花开，还是柴米油盐，人间烟火，都是财富自由的不同版本。一千个读者就有一千个哈姆雷特，一千个人也有一千个财富自由。

搞准了我们的人生定位，才知道我们接下来要做什么，怎么做。

如果你是处于原始积累期，最应该投资什么？

答案是投资自己！

投资自己，是要形成良好的生活态度和工作习惯，提升学习能力和技能储备。能够在某一个方面训练到极致，比其他人都强，就能得到比其他人更好的工作机会或赚钱机会。小新得到那个资深产品经理的职位，就是因为他的知识面非常广，这又得益于他平时一有空就会读书，涉猎甚广且过目不忘，这给他的产品设计增色不少。

曾经也有个客户跟我说，最终决定选择我做她的理财师，就是因为我的马甲线，她从这点上看出了我的自律。这当然是一句玩笑话，但是也说明了对自己的投资一定会产生回报。如果还没有看到回报，那就是投入得还不够，还需要继续加码，当量变累积到一定程度发生质变时，你就会看到厚积薄发的力量。

特别要强调的一件事，是保持运动的习惯。运动不仅仅在原始积累期会起作用，人生的赛道如此漫长，到了中年的事业关键期，你会发现拼到最后都是拼体力，更不要说年老的时候斗命长了。年轻时养成的健康体魄，将使你终身受益。

如果你的家庭和小爱的家庭、小新的家庭一样已经赚到第一桶金，那么事情就好办多了。继续读这本书，你会知道如何通过简单的三个步骤，稳定地构建你的理财型收入，直到实现财富自由。

（二）理财型收入

这几年"中年危机"这个词特别流行。

曾有一位朋友说：毕业10年后，和同班同学的财富差距，就在于谁比谁早了几年买房。这位人到中年的朋友现在任某国企处级干部，从资历和处境看，基本已是体制内的天花板，没有太多上升的可能了。他感受到中年危机了吗？从他的状态看，事业稳定、家庭和睦，不至于焦虑。在我看来，这不是体制带给他的安全感，而是他那几套位于广州市中心的房子帮他化解了中年危机。

实现财富自由和摆脱中年危机，有一个最关键的核心——理财型收入。

什么是理财型收入？

我们辛勤工作换来的报酬叫作"工资型收入"，但是人不可能一直在工作。不工作的时候还想有收入，这就得让一样东西来帮你打工，那就是钱。钱能生钱，这不是一个神话故事，而是真实的人生经验。钱帮你赚到的钱，就叫作"理财型收入"。

工资型收入正常情况下会随着工龄和经验的增加而增加，但是其增长斜率是有限的，到了一定的年龄就不再增加了，天花板相较于投资回报会低很多。理财型收入会因为资本的积累和复利的作用而呈现更快的增长趋势。

理想的一生，理财型收入的比例应该不断增加，当理财型收入全面取代工资型收入的时候，你就可以退休了。这时的你不工作，也一样可以养活自己。

注意这里有一个临界点，一般是在40岁左右出现，也就是我们所说的中年时期。这个点上理财型收入应该可以和工资型收入持平了。再往后，理财型收入就超过了工资型收入。当理财型收入可以覆盖所有的花销时，也就意味着你进入了财富自由的状态。

第一桶金之后，

尽快建立家庭的理财型收入。

然而前途是光明的，道路是曲折的。为了实现财富自由，很多家庭开始尝试各种各样的投资，开餐馆、搞移民、投股权、买理财、炒股票等，交了不少学费，却少有人成功。

小爱就和朋友合伙开过餐馆，一家云南菜馆，第一家店经营得不错，还曾经登上大众点评当地排名前十榜单，后来陆续开了三家分店。后面几家店选址没选好，一直旺不起来，当时为了引流做了很多宣传推广，美食类的自媒体一投就好几万元，结果却是一投放就门庭若市，一停更就无人问津，流量像个无底洞。做过生意的人才能理解铺租、人力成本之大，每天天一亮就是上万元支出。后来现金流实在维持不下来，几个合伙人商量一下就散了伙，100万元的投入换回30万元的顶手费，还不算完全打水漂，却也让他心痛了好久。

很多人以为做生意是一种投资，我却不以为然。我们说的财务投资，是只需要投入资金就可以了，让钱为你赚钱，你自己是不需要操心的。做生意是这样吗？做生意和上班一样得付出脑力和体力，甚至比上班要累得多，要计算成本回报，计算投入产出，压力要大得多。小爱夫妻俩都是国企高管，平时根本没有时间去打理生意，都是合伙人去张罗，最后就算亏了钱，也没法怪人家，只能自己认亏。

再说说炒股。中国家庭典型的资产配置就是房子加股票，看起来没毛病，一个负责防守，一个负责进攻。但是问题在于很多人买股票一不做研究，二不讲纪律，要么别人跟他说个重组消息就傻傻地冲进去，要么跌一点就受不了涨一点就拿不住，不停地换手。这是投资吗？这就是"养韭菜喂镰刀"啊。

很多中产家庭就是因为乱投资瞎折腾，又被打回第一阶段重新积累。

到底什么是真正的理财型收入？

第一，不用你操太多心的。做投资劳心伤神，最好有专业的人帮你打理。

第二，能够稳定地产生现金流的。比如能租个好价钱的房子，租客每个月能按时付租金。

第三，你熟悉和有掌控力的，不会拿不回本金的。那些承诺保本又高息回报的项目，支付的利息其实都是你的本金。

第四，谨慎对待熟人推荐。80%的投资失败都是来自熟人推荐，不是说不能听推荐，而是自己要有分辨风险的能力。还有，别人的项目就算是真的赚钱也不一定适合你。

我说的这几个标准，大家对照一下，看看自己做过的投资是真理财还是假理财？

后面的内容里，我将介绍如何建立真正的理财型收入。我归纳为简单的三个步骤：

第一步，梳理家庭财务状况，先搞清楚自己有多少钱可以投资。

第二步，在开始投资之前，要先做好风险防范。

第三步，用剩余的可投资资金来投资增值。

凡事预则立，不预则废。定好目标，做好准备，你离财富自由就更近一步了！

（三）小爱和小新的财富人生定位

做财富规划，一定要先找准我们的人生坐标。

我们先给小新和小爱的财富人生定个位，两个家庭都是已经有了第一桶金，完成了原始积累的中产家庭，所以现在的理财目标就是要实现财富自由。

再具体一点：

对于小新来说，他要的财富自由，只是不要朝九晚五地上班，能够做自己想做的工作。他在生活上开销不大，保持温饱就满足了。

而小爱的家庭，他们会保持工作的状态，财富自由对他们而言是有随时可以全身而退的底气，保证孩子接受高质量教育和自己未来退休后拥有同样品质生活的能力。

大家可以记住这个定位，我们后面几乎每一章都会回顾这个定位，这样才能保证我们的规划不会偏离我们的初心。

两个家庭都是处于中产进阶的阶段，接下来要做的事情就是学习投资知识，做好家庭的风险保障，抓住投资机会构建家庭的理财型收入，能把这些步骤做扎实了，实现财富自由只是时间问题。

扫码收听：

中产家庭的一个小目标：实现财富自由

着手建立你的理财型收入

二

理财理财，
先理才有财

家庭账本如何打理得简单又清晰？

理财的第一步就是要梳理清楚家庭财务状况。

家庭财务报表不像企业的那么复杂，我们一般只要用到两张表：一个是身家表，记录我们的资产负债情况；另一个是创富表，记录我们的收支情况。

（一）一目了然的身家表

身家表学名叫作"资产负债表"，为了好记，我们起了个这样的名字，因为它清楚地反映了你的身家，也就是余粮有多少。

来看看小爱家的身家表：

总资产 / 元	20750000.00	总负债 / 元	3100000.00
固定资产/元	15200000.00	长期负债	2800000.00
自用房产	13000000.00	房屋按揭	2800000.00
投资房产	2000000.00	抵押贷款	0
车位	0	短期负债/元	300000.00
汽车	200000.00	汽车贷款	0
金融资产/元	5050000.00	亲友借款	300000.00
现金类资产(存款及货币基金)	200000.00	其他负债/元	0
公积金结余	0		
储蓄型保险	1800000.00		
债券基金	0		
股票及股票型基金	0		
外币资产	2050000.00		
特殊策略基金	0		
银行理财产品	1000000.00	净资产 / 元	17650000.00
实业资产/元	500000.00	资产负债率 /%	15

1. 资产项目

左边是资产项目，分为固定资产、金融资产和实业资产。

固定资产包括房子、车子、车位、商铺等；金融资产是我们最关注的，包括现金、保险、基金、股票、理财产品等；实业资产是指家里投资的生意，比如开个饭店，办个工厂啥的。

小爱的家庭资产结构和大部分中国家庭一样，结构单一，除了70%以上的房产外，大部分金融资产都是低风险资产，低风险也意味着低回报。权益类资产为零，可以想象未来财富的增值速度会很慢。

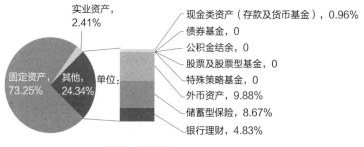

家庭资产结构图

2. 负债项目

右边是负债项目，分为长期负债和短期负债。

长期负债是指还款期限在一年以上的负债，包括房屋按揭、抵押贷款等。短期负债是指剩余还款期在一年以内的负债，亲友借款、消费贷款很多都属于这个范畴。

小爱家里除了房屋按揭仅有一笔亲友借款，负债率仅有15%，非常健康。家庭可以适度地使用杠杆，但是需要控制在一个合理的范围内，建议50%以下，生活压力才不会太大。

之所以按还款期限来分，是为了方便做债务管理。当我们觉得现金流紧张的时候，可以用债务置换的方法，比如把短期债务置换成长期债务，以此来减轻财务压力。

一般资产负债表建议每半年更新一次，放在固定的地方。这样万一家里人需要查看，也随时可以找得到。我在银行工作的时候，经常有子女过来找我们取过世老人家的存款。但是老人家生前没有留下密码，资产牵涉到遗产分割，取出来要经过各种公证手续，非常麻烦。还有些子女，根本不知道老人家有什么资产，买过什么理财产品，处理起来真叫人头大。所以养成记录家庭资产负债表的习惯，也是对家人的一个交代。

（二）包罗万象的创富表

我们要实现财富自由，需要定一个理财目标，这个目标就藏在创富表里。

创富表又叫"家庭收支表"，记录了我们一段时间内的收入和支出状况，也就是大家俗称的"记账"。记账可以按年来记，也可以按月来记。

我们按月来算算小爱家的情况，这是收入的部分。

项目	金额 / 元	比例 /%	图示
月度工资收入	60000.00	81.1	
月度公积金收入	6000.00	8.1	
月度实业收入	8000.00	10.8	
工资型收入	74000.00	97.8	
租金收入	0	0	
投资收入	1700.00	100.0	
理财型收入	1700.00	2.2	
家庭月度收入	75700.00	100.0	

理财型收入，2.2%

工资型收入，97.8%

家庭月度收入结构图

收入项目包括工资、公积金、租金、投资等。我们把这些收入分成工资型收入和理财型收入，工资、公积金就是工资型收入，租金、投资就是理财型收入。我们把家里的各项收入填进来就可以很清晰地看到家庭的收入结构。

　　小爱家的工资型收入很高，理财型收入占比却仅为2.2%，太依赖工资型收入，手停口停，这是小爱没有安全感的原因之一。

　　如果理财型收入是亏损的怎么办呢？也要如实地填写负数进去。

　　比起项目精简的收入，支出部分就包罗万象了——听起来好伤心……

项目	金额／元	比例／%
子女教育支出	3000.00	6.5
生活支出	10000.00	21.7
交通支出	2500.00	5.4
居住支出	500.00	1.1
还贷支出	30000.00	65.2
刚性支出	46000.00	82.1
娱乐人情支出	2000.00	40.0
置装购物支出	3000.00	60.0
成人教育支出	0	0
赡养老人支出	0	0
雇用保姆支出	0	0
其他弹性支出	0	0
弹性支出	5000.00	8.9
保险支出	5000.00	100.0
投资支出	0	0
理财支出	5000.00	8.9
家庭月度支出	56000.00	100.0

按照支出的确定程度，我们把支出分成刚性支出、弹性支出。

刚性支出，顾名思义就是每个月都有、跑不掉的支出。子女要上学，上班要坐车，家里要吃饭，所以子女教育、餐饮交通、水电煤气、贷款租金等都在这里列支。不过房贷部分我倾向于归类到理财支出里，原因在后面会说到。

弹性支出看起来让人愉快一些，这是为满足更高级的马斯洛需求而安排的支出，每个月看看电影啊，和朋友聚会购物啊，带孩子出去旅游啊，还有自己去健身、学舞蹈之类，可以分类为娱乐人情、置装购物、雇用保姆、成人教育等。赡养老人的费用可以算刚性支出，也可以算弹性支出，这取决于你父母对你这笔钱的依赖程度。

额外的，我还会单列一部分理财支出来检验投资的投入状况，这里包括保险缴费、清还房贷、基金定投及购买理财产品的支出。为什么把房贷归到理财支出？这是因为房子也是投资品啊！理财支出的部分其实并没有真正地花掉，而是会进入你的家庭资产里面储蓄起来，产生理财型收入。**如果理财支出是零，可不是一件好事，这表示要么你的家庭收支没有盈**

余，要么结余的钱在偷懒，没给你好好打工。

收入好算，支出难理。由于支出项目太多，我们很难记得准确，也没有必要事无巨细地记录每一笔开支，对于小爱这样的白羊座女子来说，精打细算地花钱真的太痛苦了。我们只需要整理出一个大概的数字，或者是这段时间的平均数。手机里有很多记账软件可以下载，可以随便下载一个试试，起码坚持一个月，了解一下自己的支出情况到底如何。或者更简单的，现在电子支付这么发达，一般把支付宝、微信支付和银行信用卡的账单汇总一下，就大概清楚了。

我们还可以整理出家庭月度支出结构图：

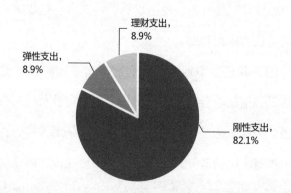

小爱家的弹性支出比例尚在合理的范畴内。弹性支出和

理财支出的对比，可以看出一个家庭资产增长的后劲。同样每个月1万元的支出，都花在弹性支出上，一年就是支出12万元。而花在理财支出上，一年后会变成12万元甚至更多的资产哦。所以理财师当然鼓励更高的理财支出。但是正如我们前面所说的，也不能一味地为了实现数字上的财富自由而牺牲人性的需求。

我们对于物质生活的追求体现在刚性支出里，精神生活的追求体现在弹性支出里。而理财支出，是我们追求物质生活和精神生活的支柱。所以我们如果要优化收入支出结构，最好的办法是在这三项支出里面做平衡，这才是有温度的财富自由。

我们用家庭的总收入减去总支出，就得到了每月的盈余或者赤字。家庭盈余就是我们结余下来可以做投资的钱；如果是负数，也就是赤字，那就表示入不敷出，坐吃山空。

收支平衡结构图

目前小爱家里每个月都有2万元左右的盈余，手头还是很宽裕的，需要做点儿投资来提高资金的使用效率。

（三）家庭财务报表里的密码

梳理好了家庭财务报表，更重要的是能够看懂报表里的密码。我们用几个指标来检查小爱家的财务状况：

1. 净资产

净资产＝总资产－总负债

净资产反映了家庭的实际财富水平。

2. 资产负债率

资产负债率＝总负债/总资产

资产负债率反映了经济压力状况。一般来说，资产负债率要控制在一个合理的范围内，建议控制在50%以内，生活压力才不会太大。

3. 资产结构

小爱的家庭资产里，固定资产比例高达73%，资产流动性不高，并且在今后几年可能都面临着资产增值减速的问题。

在金融资产中，收益率偏低的低效资产几乎占到全部，这在理财师看来是无法接受的，因为资金是有价的，资金本身就能给我们带来资本回报，而示例中资金使用效率很低，基本没有额外带来新的现金流。

4. 应急处置能力

一般家庭能随时变现的流动资产需要覆盖家庭3～6个月的刚性支出，才可以应对家人生病住院、临时失业等突发状况。

5. 财富自由度

财富自由度＝理财型收入/总支出

财富自由度是我首创的一个概念，传统的财富自由用理财型收入＞总支出来衡量，只是一个定性的概念。而用财富自由度这个定量的指标能够清晰反映我们离财富自由有多远：

（1）50%以下，表明有很大的空间可以规划。

（2）大于50%的时候，表明只要稍加努力就可以接近财富自由了。

（3）当财富自由度>1的时候，理财型收入已经完全可以覆盖我们日常的开支，我们就实现梦寐以求的财富自由啦。

如果你觉得整理家庭账本很麻烦，我们做了一个简单的小程序，自己动动手指就可以做出一份漂亮的账本，还有专业、全面的智能诊断。快尝试一下吧！

创建我的家庭账本

（四）让不动产动起来

有个云南的朋友问我们："我有八套房子，能实现财富自由吗？"这把我们几个理财师都惊呆了，有那么多房子，日子还是不宽松，不敢停止工作。这是现实中很多中产家庭的真实情况。房子再多也不能当饭吃，我们要好好规划一下，让不动产动起来，产生现金流。

房子是一种很特殊的商品，既有消费属性，又有金融属性，还是我国金融系统最偏爱的抵押物。所以我们要盘活固定资产，就要从房子的这几个特点上动脑筋。

优化资产结构，开源比节流更重要。

1. 出租空置房

房子再多，自己能住的也就一两套。其他空置的房子不要闲着，租出去每个月也能带来稳定的租金回报。

2. 出售偏远房

房子虽然可以拿来投资，但是这几年房产增值的速度明显不如过去10年了。如果仅仅是用来投资的房子，只有一个要关注的要素，就是地理位置。

一线城市核心区域的房子，保值增值的能力一定强于偏远地带的。如果需要把手头的房产梳理一下，偏远地带的房子还是尽早出售为妙。

3. 抵押核心房

自己在住的房子，不能卖也不能出租。即使从原来的几十万元升值到几百万元好像也跟自己没什么关系。想要盘活这部分资产应该怎么做呢？可以把住房拿去抵押贷款。

本书后面有一个案例，我给上海一对新婚夫妇做过一个大胆的理财规划。和很多勤俭的家庭一样，这个家庭的资产负债率为零，整个资产负债表非常干净，体现了夫妻二人踏实稳健的品质。很多人害怕负债和杠杆，总觉得有债在身，睡不踏实。其实和企业一样，不使用杠杆的财务方案增值是很慢的。

这个小两口家庭现有上海房产价值610万元，在银行可抵押贷出最多七成即400多万元的资金，现行抵押贷款利率为5%～7%。我们假设在安全的资产负债率范围内（50%）贷款300万元，贷款利息6%，每月还息，到期一次性还本。贷款资金可以做一些增加现金流的投资，算下来每个月可增加1万多元的正向现金流，基本覆盖了每个月的支出，实现了财富自由。

这个方案使用起来需要非常谨慎，使用杠杆投资的前提是，投资方案的收益率大于融资利率，另外要保持正向的现金流。

（五）心理账户和强制储蓄

你是不是也有这样的经历：看到信用卡账单下定决心要洗心革面再也不大手大脚花钱，能坐公交就不打车，可以喝水就不喝奶茶，省下百八十块钱就很有成就感。但是看到一条心仪的连衣裙，还是忍不住剁手，跟这条价格达四位数的裙子比起来，之前辛辛苦苦省下的百八十块是白省了。

因为经常有这样不理性的事情发生，所以我们每次节省开支的想法总是落空。

从行为经济学上来解释，这是我们的心理账户在起作用。同样是钱，买裙子的钱和做路费的钱在我们的心里是归于不同的账户的，有不同的优先级。裙子是我喜欢的，再贵也不能省，路费是无所谓的，能省则省。

你看，你在潜意识里已经用心理账户给你的消费分了类，不同账户里的账目不能混淆，所以在A账户省吃俭用，和在B账户随心所欲并不矛盾。

1. 给心理账户加个预算

我们想要节制消费，就要利用心理账户，给每个账户设置一个预算。

我们前面学习了怎么做家庭的创富表，现在来学给旅游、购物、人情等弹性支出都加个度，量入为出。

比如，这个月我想好了最多花2000元在买衣服上，达到1600元的时候我就要收一收手了。再看到一条600元的裙子超过了这个预算，可不可以忍一忍下个月再买？我知道你可能在想，透支下个月的预算行不行？操作上并非不可以，只是一旦开了透支的头，每个月都会有透支的想法，最后你就会发现账户预算形同虚设了。

你还可以在你的心理账户里加上一些理财账户。比如基金定投的账户，先设置好2只基金各5000元的定投，每个月发工资第二天就自动扣款，这就叫作"强制储蓄"。

所以我们做预算的时候，先做理财支出的预算再做弹性支出的预算，这是一个强制储蓄和节制消费的好办法哦。

我有个同学毕业后进了上海一家外企，几年后年薪就近百万元了，可能是对自己赚钱的能力很有信心，一直是赚多少花多少，没存下什么钱。我之前建议她买套房子，哪怕小一点，但是每个月固定要给房贷，也当是强制储蓄了。可惜她没有听我的，眼睁睁看着上海的房价几倍地涨上去。

2. 设置理财账户把钱规划起来

设置理财账户是财富规划中一个非常重要的方法，我们在后面会具体讲如何设置。

我们可以给理财账户加一个实用的名字来让我们更加有

动力。比如，我想要买房，就会设置一个首付账户；我要让孩子留学，就会设置一个留学账户。这些账户是虚拟账户，可以是任何一家银行的存款，任何一家保险公司的年金险，任何一家基金公司的基金，或者是这些理财产品的组合。

重要的是，要把这些账户隔离起来，坚持投入，在实现理财目标之前，不要轻易中断或支用。

（六）年终奖发下来应该先还房贷吗

1. 分清债务属性很重要

大多数的中国家庭都不喜欢负债，所以很多家庭拿到年终奖第一时间考虑的就是要不要先还掉一部分贷款。

别急！

这个时候，我们应该先梳理一下，家里的债务有多少是短期的，多少是长期的，多少是高息的，多少是低息的。

短期债务一般伴随着高息，建议及时清还。比如花呗、京东白条、信用卡账单、互联网信用贷款等。这些债务都有一段免息期，免息期过后的每日利息一般都在万分之五左右，看起来不高对吧？要知道这是按日复利的呀！一年365天，实际年利率是20.02%呢。这样的债务，平时最好就不要借，如果实在是周转不灵借了钱，一定要及时偿还，否则利滚利吓死你，还很容易弄花你的信用记录。

而长期债务，家里有房屋、汽车贷款，通常是5年、10年、20年以上的。这类债务因为有优质的抵押物——房子或者汽车，银行往往给予了非常低的利息。**所以我建议大家利率在6%以下的贷款，不要急着提前还款，而是留更多的可投资资金来生息赚利差。没有贷款的家庭可就享受不到这好处了哟。**

2. 我国的贷款利率是如何确定的

大家都知道国外的存贷款利率是由各家银行自己报价，而在我国，10年前就都是全国统一价。这意味着你在哪家银行存钱或者贷款，都没有实质上的区别，特别是以前金融开放程度不高，银行都是国字当头，没有倒闭的可能性。

后来央行出了一个存贷款基准利率，算是利率市场化进程迈出了一大步。各家银行在这个基准利率的基础上可以各自加减点，这就有了差异化了，特别是大小银行之间的竞争维度不同，加减点的幅度也不一样。

央行其实已经有好几年没变过贷款基准利率了，自2015年10月24日以来一直是一年期4.35%，一至五年期4.75%，五年以上4.9%。但是各家银行都会经常调整贷款的上下浮动比例。比如房贷利率从最初下浮25%到现在上浮15%，这就给了贷款利率很大的灵活性。

2019年8月，央行宣布改善**贷款市场报价利率（LPR）**形成机制，切换贷款利率定价基准，也就是不再以贷款基准利率为锚，而是以LPR为锚。从2019年8月20日开始，每个月以18家银行公开市场操作利率为基准加点的报价形成，贷款利率有了更灵活的定价空间。

对于老百姓来说，处在降息通道里，资金成本会越来越低，这个时候是加大杠杆的好时机。

（七）小新的家庭财务报表

我们在前面展示了小爱家的家庭财务报表，小新家的要简单得多。

总资产／元	7550000.00
固定资产／元	5150000.00
资产一	3000000.00
资产二	2000000.00
车位	0
汽车	150000.00
金融资产／元	1900000.00
现金类资产（存款及货币基金）	200000.00
公积金结余	0
储蓄型保险	500000.00
债券基金	0
股票及股票型基金	500000.00
私募基金	0
银行理财产品	700000.00
实业资产／元	500000.00

总负债／元	2200000.00
长期负债／元	2200000.00
房屋按揭	1200000.00
抵押贷款	1000000.00
短期负债/元	0
汽车贷款	0
亲友借款	0
其他负债/元	0
净资产／元	5350000.00
资产负债率/%	29

　　资产负债表显示负债率也不高，各项资产的比例也算合理。不过股票及股票型基金的比重只有6.62%，金融资产里一半以上是低收益资产，增值效率非常低。

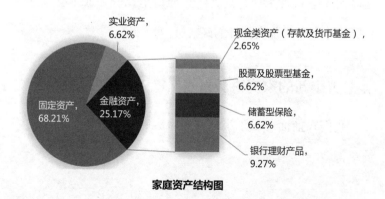

实业资产，6.62%
现金类资产（存款及货币基金），2.65%
股票及股票型基金，6.62%
固定资产，68.21%
金融资产，25.17%
储蓄型保险，6.62%
银行理财产品，9.27%

家庭资产结构图

由于小新不工作了，家里工资型收入主要靠太太，好在还有北京的一套房子可以收租，每月有租金收入帮补家用，这也是理财型收入的一部分。

项目	金额 / 元	比例 /%	图示
月度工资收入	30000.00	100.0	
月度公积金收入	0	0	
月度实业收入	0	0	
工资型收入	30000.00	60.0	
租金收入	20000.00	100.0	
投资收入	0	0	
理财型收入	20000.00	40.0	
家庭月度收入	50000.00	100.0	家庭月度收入结构图

每个月支出大概4万元，所以家里还有1万元的盈余，现金流健康，这也是小新敢辞职的底气吧。

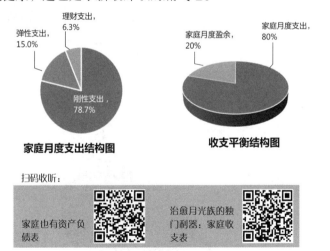

家庭月度支出结构图　　　　收支平衡结构图

扫码收听：

家庭也有资产负债表　　　　治愈月光族的独门利器：家庭收支表

挖好家庭的
护城河

如何有效地规划家庭保障方案?

（一）家庭风险的来源

我们总是说，风险无处不在。但是风险没有发生的时候，又好像离自己很遥远。

实际上，最大的风险就是不确定性，你不知道下一秒会发生什么，你也不知道风险事件什么时候会发生。

家庭风险的来源有哪些呢?

（1）**疾病**。这个是家庭经济的第一杀手。如果某一位家庭成员生了大病，那肯定不能置之不理，要送他（她）去治病。虽然我国的医疗费用相比于其他国家来说已经算是比较低廉了，但是总会有一些治疗费、医药费等。

如果想要更好的治疗条件，费用会更高。你可能会说你有社保，但是社保只能报销最基础的医疗部分，更好的治疗目前社保还是无法完全覆盖的。

（2）**丧失收入来源**。这是很多家庭都会忽略的事情。理性地来说，身残比身故更可怕，身故固然会让家人觉得伤心，但是如果家庭有成员全残的话，不仅不能为家庭经济做出贡献，反而会成为家庭经济的负担。

（3）债务风险。我国居民杠杆比例已经超过了50%，债务到期了还不上的话，轻则影响个人信用记录，重则导致家庭破产，影响家庭和睦。

（4）流动性风险。我们的家庭70%以上的资产是房子，一旦急着用钱，这个房子不能立刻变成现金，家庭就会陷入流动性风险中。

以上这些都是可能会让家庭一夜回到解放前的风险来源。现实中很多家庭就是因为不注重风险管理，遭遇了风险事件后经济一落千丈。

风险管理，其实是一门非常重要的科学。

风险管理分为事前、事中和事后。

事前需要积极预防，比如平时多锻炼增强抵抗力，预防疾病的发生。

事中可以积极调整，比如在债务负担很重的时候，可以通过一些置换的方法来缓解危机。

事后是指风险发生后，积极地弥补损失。而弥补损失，保险可能是最简单、最有尊严的一种方法了。

（二）保险是家庭之舟的救生圈

如果我们把家庭比作人生大海上的一艘船，无论是小帆船还是大邮轮，都少不了的一样东西就是救生圈。

保险就是你家庭之舟的救生圈，不可或缺。

中产家庭破产打回第一阶段重新积累资产的原因除了乱投资，还有很重要的一点就是发生风险事件。

家庭成员生了场大病，诊疗费、护理费等可能需要几十万元，你是否随时可以拿出这笔钱去治病？对于普通家庭来说，就算拿得出也是砸锅卖铁了，那以后的日子还怎么过？更不要说如果发生意外的是家庭经济支柱，那家庭的收入来源就都没有了。

这些风险本来是可以提早规避的，但是当你生病或出意外的时候再去买保险，就没人能帮到你了。所以说晴天的时候要买伞，年轻人在健康的时候，先把保险买起来，而且越年轻，买保险的花费越小，它带给你的安全感却是无价的。

保险不是用来改变生活的，而是用来防止生活被改变。

做家庭财务咨询业务以来，我给数十个家庭做了财务规划。回顾这些案例，会发现两个很极端的情况：要么对保险一无所知，不知道怎么配，也什么都没配。要么买了一堆保险，但是仔细梳理一下，却发现该配的都没配，可配可不配的买了一大堆。

保险产品一共有多少种呢？我把市场上常见的保险分成三大类：

第一类是保障型的，包括意外险、重疾险、医疗险、人身寿险等。

第二类是投资型的，包括分红险、投资连结险（简称"投连险"）、万能险等。

第三类是财产险，包括车险、责任险、合同履约险、房屋损失险等。

作为理财师，我更关注保险的保障功能，因为投资功能有很多可以替代的品种，投资型的保险体现的是现金流的确定性，但在流动性和收益性方面有所欠缺，不建议中产家庭配备太多，否则会影响资产组合增值的速度。

我们会建议中产家庭留尽可能多的资金来做生息资产，这样才能有机会实现财富自由。而保险，我们配备最基础的保障，体现保险的功能性就可以了。最基础的保障，就是防范我们前面提到的各种家庭风险。

（三）金字塔家庭保障规划法

为了让大家了解如何用最少的钱撬动足够的保障，我来介绍一下我自创的金字塔家庭保障规划法。

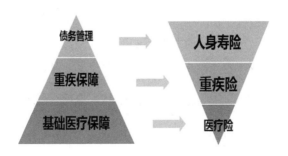

这个规划法有一个正金字塔和一个倒金字塔。

保障内容是一个正金字塔，而需要花费的成本是一个倒金字塔。也就是说越重要的保障其实花费越少。用非常低的成本就可以挖好家庭经济的护城河，何乐而不为呢？

在金字塔的最底部也是最重要的部分就是基础医疗保障，它能保证家人能够健健康康地去工作、生活。

疾病是杀伤力非常大的一个风险，但对应到代表保险费用的倒金字塔，它却处在保费支出最少的底端。

关于医疗险，我的建议是最好用社保加商业医疗险一起来覆盖，如果家庭条件够好，习惯去一些私立医疗机构看病的话，可以买高端医疗险。

对于普通家庭，医疗险部分用社保加商业医疗险也就足够了，社保一般是企业代缴，从工资里面扣。**因为社保是最划算的一种保险，建议每个人都要买。**如果是自由职业者，挂靠一个单位也要买。小孩子出生7天就可以在社区购买社保了。

为什么说对于普通人来说社保最划算呢？因为社保的赔付水平是跟着社会平均工资增长的，所以说社保是真正能抵抗通胀的保险。

保险是家庭之舟的救生圈。

购买商业医疗险最划算的方法就是跟着公司去买团险。买商业医疗险要在健康的时候买,当你出现了疾病或者是有疾病史的时候再去买保险,大部分保险公司都会拒保、加保险费或者把患过的疾病从保障内容中除去。

但是买下保险之后生了病,保险公司就不会再核查,哪怕说你今年生病理赔了,以后保险公司还是有义务给你提供保障。

由于医疗险的理赔可能性高,建议购买居住所在地保险公司的产品,比如常住内地的就买内地的医疗险,常住香港的就买香港的医疗险。

近几年各大保险公司还推出了多款"百万医疗险"的产品,保费少保额高,尤其对于癌症治疗的高额费用给予了特别的赔付额度,自费的进口药和质子重离子等昂贵治疗也可以报销,是非常好的选项。

金字塔中第二大重要的部分是重大疾病保障。

你可能会问,同样是管理健康风险,我不是已经有医疗险了吗,为什么还需要重疾险?

这是因为生了大病,不仅需要治疗费用和营养费,还会因为误工而减少收入,这同样是一笔不小的经济损失。

重疾险是保障型保险中唯一一个生前给付的险种，就是在确诊大病的第一时间给你雪中送炭。 赔付的金额跟你投保选择的保额有关，比如你买的是100万元保额的重疾险，哪怕你是公费医疗，看病一分钱没花，它一样会给你100万元的赔偿，可以当成是对营养费和收入减少的补偿。

医疗险是报销型的，你在医院看病花了多少钱，保险公司就给你报销多少钱。而且医疗险一般没有办法垫付，重疾险却是生前给付的险种，只要在医院确诊罹患大病，保险公司就会进入理赔程序，如果审查各项单据没什么问题的话，很快就会把保险金支付给被保险人。

当然，如果家庭的财力不足，暂时不能购买终身型重疾险的话，可以考虑去买防癌险，或者是一年一保的消费型重疾险。

金字塔的最顶端，我会建议所有家庭给家里的经济支柱，也就是收入最高的那个人配一个定期寿险或者终身寿险。

一说起人身寿险，很多人就想到意外险，100万元的保额，一年也才几十元，看起来非常便宜，但是仅买意外险是不够的。

因为意外险是意外身故了才会赔偿，疾病身故和自然身故以及全残这些风险是没有办法保障的，而在我们日常的活动中，意外身故的概率一般来说是非常低的。

我们真正需要的是定期寿险或者终身寿险，保障的是疾病身故、自然身故、意外身故以及全残，防范的是因以上情况而丧失收入来源的风险。

定期寿险有一个限定的保障时段，比如说你要保20年、30年，或者要保到60岁，它能提供这个时间段内身故、全残的保障。定期寿险现在也很便宜，市面上的定期寿险产品，如果是二三十岁的年轻人，投保100万元保障的定期寿险，每年也就几百元保费。所以说定期寿险是大家非常需要也都能负担得起的一种保障工具。

特别是有债务的家庭，应该要给家庭负责赚钱养家的人买一份定期寿险，这样即使发生了不幸，也不至于让家庭陷入债务危机。比如说家庭的贷款期限是30年，就去做一个期限是30年的定期寿险，保额就是房贷或者债务本金。

终身寿险和定期寿险相比会贵一些，原因是定期寿险和意外险一样是一个概率性赔付的险种，而终身寿险因为赔付是一定会发生的，所以保险公司的成本会高很多。高净值家庭很适合用终身寿险来做财富传承。

设计家庭保障方案时，医疗险、重疾险和人身寿险都能够覆盖到的话，就是一份比较充足和全面的规划了。

（四）设计一份保单计划

我们想好了要买什么险种之后，接下来要考虑的就是每个险种该怎么买。设计一份完整的保单计划，重点应考虑三个问题：保额买多少，买哪家公司的，投保方案怎么设计。

我们用大家这几年最关注的重疾险来举个例子。

1. 保额买多少

重疾险的两大特点是：提前给付和额度核定。

在实际生活中，如果家人得了重疾，需要住院治疗，医院肯定需要先支付医疗费才会收治。这个时候如果去卖房子或处理其他资产，不见得来得及，而买过重疾险，拿了医院的确诊书就可以找保险公司理赔，一般10天左右到账，快的话两三天就可以收到钱。这笔钱就可以拿来垫付医院的医疗费。

当治疗结束后，医院开具的发票和收据又可以拿去报销社保和商业医疗险，和重疾险不冲突。重疾险因为是买多少赔多少，所以理论上保额越高越好。但是保额越高，保费也越高，这就要看家庭的现金流是不是支撑得了。

重疾险保额的最低额度要覆盖治疗费、营养费、收入减少金额。

医疗费至少要算到50万元。营养费等就要看个人了。如果是家庭经济支柱罹患重疾，起码一年不能工作，那么还需要算上一年的工作费用或者家庭一年的开支。

所以一家人的重疾险保额可以用下面的公式来计算：

成人最低重疾险保额＝基本的医疗费＋一年收入＋营养费

孩子最低重疾险保额＝基本的医疗费＋营养费

举个例子：

一家三口，爸爸是家庭经济支柱，一年收入40万元。妈妈一年收入20万元。营养费按10万元来算。如何设计一家人的重疾险保额呢？

爸爸的重疾险保额至少买到50万元+40万元+10万元=100万元。

妈妈的重疾险保额至少买到50万元+20万元+10万元=80万元。

孩子的重疾险保额至少买到50万元+10万元=60万元。

2. 买境内保险还是境外保险

这几年很多家庭会放眼境外，寻找境外的保险产品。大家接触得比较多的有中国香港保险、新加坡保险和美国保险。

保险是终身的服务，缴费加保障是几十年的事情，选择哪个地区的保险，一定要考虑得长远一点，如当地的汇率是否稳定，服务是否方便，投保和理赔是否麻烦。

在这些问题都可以接受的情况下，再考虑产品的差异，哪个区域的产品设计更符合你的需求，就选择哪里的。

3. 买哪家公司的产品

重疾险是保险公司热卖的险种，有些公司甚至是用重疾险来打市场的，所以每家公司都有自己的拳头产品。保障型的保险单比较费率没意思，我们还要比较保障的范围，每家公司都有自己的亮点，看家人的需求在哪里。

比如某家公司的重疾险，可以保障先天性疾病以及自闭症等儿童专项疾病，特别适合给小孩子买。另一家公司的重疾险特别适合男性买，因为给予了前列腺疾病10%的额外保障。家庭的经济支柱，或者父母、子女和配偶有既往症难以核保的，有一款产品可以不用做健康告知就可以给予直系亲属——也就是父母、子女、配偶额外20%的保障。

对于部分买保险比较晚的家庭来说，选择就不是很多了，因为身体多多少少出了一些状况，核保都成问题。这个时候我们就要考虑一些核保条款宽松的产品。比如针对国人高发的乳腺结节和甲状腺结节，有一些产品也可以核保通过。

4. 投保方案怎么设计

投保方案是指投保人、被保险人、受益人分别怎么定。这个点不是所有人都清楚，但是很关键，设计得好能享受更多的保障。

国内的重疾险一般都可以附加一个投保人豁免险，其实相当于是给投保人增加一个缴费期间的定期寿险。加了这个投保人豁免险之后，如果在缴费期间投保人身故或全残，可以豁免这张保单的后期所有保费。所以在设计保单的时候，一家人要交叉投保。比如先生的重疾险保单，被保险人是先生，投保人最好是太太，受益人可以是孩子或者太太。

香港一些重疾险会将家庭成员的保障视为基本保单的一

部分，无须额外加费，只要投保人在50岁以前投保，保单生效2年后，孩子的父母——是双方哦，或者成年被保险人的配偶都可享有保障，且无须申报健康状况。要想享有额外保障，设计保单就很有讲究，比如孩子的保单，父母双方任一人做投保人都可以（香港叫"保单持有人"），孩子做被保险人（香港叫"受保人"），受益人应该把父母都写进来。我们如果设计爸爸做保单持有人，妈妈写在受益人里，哪怕只有1%的受益权，妈妈都会成为孩子这张保单的第二持有人，未来无论爸爸还是妈妈身故，都可以豁免孩子成年以前的保费。

投保小贴士：

一是先给家庭经济支柱买，再给小孩买。

二是趁早买，趁身体健康的时候买。

三是构建了保险方案后，要在资产负债表里的资产项下纳入保额部分，也需要家庭收支表里列出每年的保费支出部分。

四是定期回顾保障是否充足，如果家里有经济变化或者成员变动，要及时调整方案。

（五）小爱和小新的保险规划

小爱夫妇的公司福利很好，给高管配备了全额医疗险，还可以覆盖高端医疗机构。所以这几年她对保险不怎么在意，总觉得自己的保障已经够了。

而事实上，医疗险只是覆盖了疾病的医疗费，真的生大病，除了医疗费，还有营养费等需要弥补。尤其是家庭的主要收入来源还是夫妻二人的工资，如果其中一方生病，丧失劳动能力，家庭在半年到一年内就会遭遇流动性风险。更何况，夫妻俩并不能保证在这家福利这么好的公司一直干到退休。

家里唯一配备了充足保险的是孩子，医疗险和重疾险都配齐了，还买了一份年金险。父母不论给孩子多少保障都嫌不够，却往往忘记自己才是孩子最大的保障。

我给小爱做了一个保险的补充方案，按照夫妻二人的年收入给他们各补配了50万元保额的重疾险。由于家庭还有92万元的房贷，于是增加了一份100万元保额的定期寿险，夫妻双方共享保额，缴费和保障年限都是30年，完美覆盖了债务风险。

两份保险算起来，一年增加了4万元的保险支出，并没有带来很大的支付压力就建好了家庭经济风险的护城河。

小新家里的保险也不足。夫妻二人的医疗险、重疾险，还有太太作为家庭经济支柱的定期寿险都得买上。由于家庭现金流稍显紧张，重疾险暂时买的是定期的，保费会比终身型的便宜很多。但这只是目前的权宜之计，当定期重疾险的保障期结束后，要想继续保障，还需要重新核保。而年纪越大，身体出现各种状况的可能性越大，重疾险的核保就越麻烦。

很多四五十岁的投保人，因为身体有一些小问题而被保险公司拒保，甚至一些30多岁的年轻人，也因为工作压力大出现了胆固醇高、结节、高血压等红灯症状，想要顺利核保买到重疾险，也不是那么容易呢。

扫码收听：

晴天时节要买伞，保险咋买最划算

最基础的家庭保障计划：金字塔规划法

四

投资是
一门实践的艺术

不做"韭菜"，投资前需要了解哪些事?

（一）"韭菜"是怎么长成的

有些家庭遇到了经济危机会来向我求助。

一对公务员夫妻，每月有3万多元的收入，这在他们所在的三线城市算是人人羡慕的中产家庭收入了。

妻子在电话里是满腔的绝望："老师，我真的不知道该怎么办了！"

我让她别着急，把情况说清楚。原来夫妻俩这些年买了2套房子，也积攒了200多万元现金，在当地算非常殷实了。但是小城市也没什么投资的渠道，前几年夫妻俩就把这200万元给了一个做房地产的亲戚，相当于民间借款，月息两厘，就是0.2%，感觉也挺高的。没想到收了一年的利息之后，亲戚突然说投资失败了，款收不回来，这200万元没法还了，只能给回一套房子，还是没有房产证的那种。

丈夫觉得这事很窝囊，就想把钱挣回来，瞒着妻子动用了家里仅存的50万元，又找证券公司融资了50万元，一共100万元拿去炒股，那是什么时间点呢？2015年5月。结果你知道的。2015年6月12日，A股上证指数在一片亢奋情绪中到达

5178.19点的高点，然后一落千丈。

从此丈夫开始了拆东墙补西墙的日子，办了10多张信用卡，也亏得他是公务员，是银行最爱的客户群体，才能办得下来这么多张卡，还把各种网贷平台借了个遍。

有一天，丈夫终于顶不住了，对妻子摊牌，说把房子卖了吧。

我忍不住插嘴问她："把房子卖了，然后呢？"

妻子说："他说还了债务之后，还剩下一点钱，继续炒股把钱赚回来。"

多么熟悉的话语，这和那些不服输的赌徒是不是一个心态？

这样的"韭菜"家庭，丈夫把投资当赌博，不懂投资乱投资，而妻子两耳不闻窗外事，平时只知道买银行理财产品，自然被丈夫嫌弃没有投资头脑，什么都不跟她说，到了实在撑不下去的时候，才想起来家是两个人的，房子是两个人的资产。

为了解决她当下的危机，我教了她一些方法做债务置换，但这还是治标不治本。因为即便缓过这次危机，以丈夫的投资能力，能赔掉第一套房子就能赔掉第二套房子。

2015年股市暴跌结束后4年，很多股票创了新高。没创新高的那些是什么股票呀，当初为什么会买那些股票呢？股市里的学费谁没交过，问题是学费交了之后你能学到什么？还想着以小博大一夜翻本，有这种心态市场会再教训你一次。

这个咨询做完，我是很沮丧的。这个家庭的底子非常好，职业稳定，现金流充足，如果认真梳理，做好资产组合，五年十年实现财富自由一点问题也没有。可是为什么那么着急呢？什么投资知识都没有，就敢冲进高风险的股市，还加了极高的杠杆，谁给"韭菜"这么大的胆子？是贪婪。

财产是共同的，理财是一家人的事情，一方有勇无谋，一方不闻不问，这是行不通的。丈夫要学投资，妻子也要学。

要学，就要从投资观开始学起。

（二）建立你的投资观

每个人或多或少都有一些投资经历，大部分人的经历是这样的：一买就跌，一卖就涨；别人买了什么好像很赚钱，我也赶紧买一点；手上有笔钱一个月后才用得到，买只股票捞一把；等等。

以上种种，都是"韭菜"的真实写照。

理性的投资是怎样的？理性的投资首先要形成自己的投资观。投资观包括投资逻辑和投资理念。

投资逻辑——搞清楚投资为什么赚钱，为什么亏钱。

每一种投资，都要说得清楚投资逻辑，也就是说得清楚收益来源是什么，风险来源是什么。

如果你问一个"韭菜"，投资股票的逻辑是什么？你可能会得到以下种种奇葩的答案："因为某某人推荐了这只股票""因为去年没涨所以今年一定会涨""因为听说公司要重组了"……

如果你问一个投资高手，他会告诉你，股票赚的是上市公司的分红和市值的增长。你可以找股价不怎么涨，但是每年稳定高息分红的红利股——比如一些银行股，盘子大，成长性一般，股价千年不动，但是每年都有四五个点的分红。你也可以找从来不分红，但是股价噌噌噌向上涨的成长股，而成长股的增值，又有企业盈利和市场估值倍数增长这双重来源。

这就是投资高手能赚钱，而"韭菜"总是亏钱的原因，在这个零和市场上，投资高手赚的都是"韭菜"的血汗钱。

"韭菜"有时也能碰运气赚到钱，但是如果赚了钱不去分析为什么能赚到钱，这靠运气赚到的钱就能再凭实力给亏回去。

风险和收益是成正比的，收益源自哪里，风险就有可能源自哪里。之前讲过家庭的风险，下一节，我会专门来讲讲投资中的风险。

搞懂了投资逻辑，我们就要总结出自己的投资理念。

投资理念——在过往经验的基础上总结出来的方法论。

投过什么赚了钱，是运气太好还是实力使然？如果是实力，说明这方法奏效，下次还可以用。投过什么亏了钱，是运气不好还是忽略了什么风险？如果是忽略了风险，那么下次一定要记得考虑上。

我分享一下自己这十几年形成的投资理念：

只投有价值的资产——因为有价值的资产拿着才放心，睡得着觉，即使市场短期下跌也不怕，可能还是补仓的好时机。

逆向投资，不追热点——人多的地方尽量不要去，因为好资产总是稀缺的，当大家都发现这个资产能赚钱的时候，往往价格已经完全反映了价值，甚至高估了。要去找大家都没发现的被低估的资产，这就是逆向投资。

树立你的投资观，做波动的朋友。

投资未来，而不是过去——投资赚的是预期，所以一定要看资产未来的成长性。在做投资决策，决定买入还是卖出的时候，不要回头看，忘记你的买入价格，不管你是高买还是低买了，那都跟未来没关系，你要关心的是明天是涨还是跌。

专业的事情交给专业的人来做——人的时间和精力是有限的，不要吝啬管理费，承认专业是有价值的，你才能获得更大的成就。

（三）什么样的人投资能赚钱

由于职业的关系，我总是在和形形色色的投资人打交道，慢慢地也总结出一些投资大咖的共性。

1. 乐观主义精神

投资界有一句名言：悲观的人都是对的，只有乐观的人才能赚到钱。

悲观的人说的都是实情，经济运行中总有这样那样的问题，但是投资看的是未来。即使现在很差，只要未来不会比现在更差，市场就会反弹。

在经历了2018年一整年的下跌后，2019年初的时候，整个市场悲观得不得了。我看到一些外资已经在抄底A股，跟客户反复说：该出手了。但还是有很多朋友会跳起来跟我辩论说市场有多糟糕，经济有多萧条……还记得那段时间流传甚广的帖子吗？高善文说"年轻人可以洗洗睡了"，后来怎么样了？2019年A股市场很多基金给了翻倍的回报！

另外，优秀的投资人总能找到别人看不到的机会。我们都知道那个故事，一个杯子装了半杯水，悲观的人会说："只有半杯水了。"乐观的人会说："还有半杯水啊。"

而优秀的投资人会说："即使看一个空杯子，我也不会认为它是空的，因为它装满了空气。"

大家普遍都很悲观的时候，往往就是出手的最好时机。好的投资人总能在危机中看到机会，这需要很强大的乐观主义精神。

2. 行动力和纪律性强

我们有时会开玩笑说，绝对不买胖子基金经理的基金，原因就是自己的身材都管理不好，还能管理好我们的钱？

这虽然是个笑话，但也不无道理。投资很枯燥，而且是逆人性的，需要很强的行动力，而人性中的贪婪和恐惧总在妨碍我们行动。一个纪律性强的人可以理性地思考，用理性压制贪婪和恐惧，在该建仓的时候建仓，该斩仓的时候斩仓。

不出手永远都没有机会，不止盈永远都不能落袋为安。

3. 独立思考的能力

还记得电影《大空头》里的男主角吗？在忍受了华尔街3年的嘲讽后，只有在喧嚣中保持独立和冷静的他笑到了最后，获得了巨大的回报。

瞬息万变的市场很容易干扰你的心智，涨的时候追吗？跌的时候斩吗？

很多时候，我们要回归本心去想，为什么要买这个资产，最初的理由是什么？作为资产配置的一部分，是用来平衡风险还是增加收益的？这个理由目前来看有没有变化？如果资产变化了，并不能让我们达成这个目标，我们就要果断调仓；如果资产本身并没有变化，是我们的心态变化了，那就要坚持下去。

投资很重要的品质就是具备独立思考的能力，不随波逐流，不追逐热点，坚定地逆向而行，才能发现更美的风景。

4. 开放性思维

我以前其实还是很保守的，比如一个发型师可以跟10多年，一家餐馆吃得好就一直吃，甚至于点的菜也懒得换。上一份工作在银行做了10年，并非没有动过念头，2年的踟蹰不前让我错过了最好的转行时机。

转换到财富管理这份工作后，我开始尝试向身边优秀的投资人学习。那些能够体会到投资乐趣的一定是愿意更多地接触和了解新的投资领域的投资人。

新的领域里，有我们未知的风险，也有我们未知的风景。

熟悉的领域做久了，很容易形成路径依赖，一旦市场发生变化，就会无法适应了。

10年前的美国我们投资国债就能取得年化7.5%的收益，而到了2015年，我们必须配置至少6种不同的投资品种才能达到差不多的收益，波动率却从6.0%上升到17.2%。

越成熟的金融市场，信息越透明。一个赚钱的行当，下一秒就会涌入众多的竞争者，不保持开放的心态敏锐地寻找投资机会，怎么能维持一个还算满意的收益率？

在我国，前几年的信托几乎是刚兑的神话，今后必然会出现越来越多延期及不能兑付的情况；今天大家还在比来比去的银行理财产品，A行比B行多0.1个百分点，B行比C行期限短10多天，未来这样的产品会越来越少。

我们必须以开放的心态拥抱这个变革的时代，学习和了解风险，做波动的朋友。

对号入座，看看你是不是也具备以上赚钱的素质呢？

（四）正视投资中的风险

建立起投资观后，我再来问一个叩击心灵的问题：投资的逻辑很简单，无非是低买高卖，为什么大多数人却做不好投资？

我认为，做不好投资是因为没有正视风险。

我在前面讲了很多人生的风险，而投资正是关乎风险的游戏。正视风险：一是接受风险，二是防范风险。

投资中经常能遇到的风险，我把它分成两类：一个是道德风险，另外一个是市场风险。

道德风险，简单来说就是你被骗了。可能是没有搞清楚这个投资的投向是什么，管理人是谁，管理人有没有诚信，会不会一走了之等。

如何防范道德风险呢？我有几个建议：

一是看理财产品的备案信息。

所有的理财产品都应处于正规的监管之下。国内以前是"一行三会"四大监管机构：中国人民银行、银监会、保监会、证监会，后来银监会和保监会合并成了银保监会，就成了"一行两会"。银行、信托、保险等产品归银保监会管，外汇类产品归隶属中国人民银行的国家外汇管理局管，债券看发行市场不同，归中国人民银行或者证监会管，股票、基金等资本市场的产品归证监会管。

所有的产品发行都必须经过监管部门审批备案，搞清楚这些，你就知道，看一个产品有没有道德风险，首先你得知道去哪里查产品的备案，备案都没有的产品，根本就不是理财产品，说是非法集资也无错，碰都不要碰。

二是了解投资项目的资金链。

投资的失利就是金钱的损失，而我们要防范道德风险，就是要防范钱不翼而飞，最靠谱的方法是检查整个项目的资金链有没有疏漏。

标准化的理财产品，资金都是闭环运作的，资金运作和托管是隔离的。比如基金，资金打入托管方（一般是银行或者证券公司）专门开立的托管账户里面，基金管理人是运用这笔钱的人，他发出的每一个交易指令，托管方都必须审核是不是符合基金合同里关于投资范围的约定，比如股票型基金就只能打款到证券公司的交易席位里买股票，股票卖出后也是原路回到托管账户里，基金管理人根本没有接触资金的机会。而一些非标准化的产品，比如股权基金，合同里写明会投一些非上市公司、初创公司之类的，就给资金脱离闭环创造了可能性。并不是说股权基金就一定是危险的，而是说从资金链的角度来看，非标准化的资产确实比标准化的资产更难监管。

三是不要随便听信熟人的推荐。

熟人并不一定比专业的投资人知识更完备，有的时候他可能会有心无心地把你带沟里了。跟你推荐产品的人，如果只说收益不说风险，那你也要警惕。

四是了解一些投资的常识。

比如投资学里面有一个"不可能三角形"。

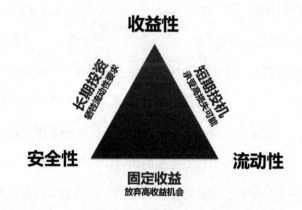

这个三角形代表了理财产品的三个特性：安全性、收益性和流动性。在做投资的过程中，这三种特性必然要牺牲其中一种。

比如说我想要一个高收益低风险的产品，这个时候就需要牺牲流动性，这会是一个长期投资，就像安全的股权投资，它的收益比较高，风险比较低。但是这个投资需要四五年甚至是10年的时间。

再比如投资一个固定收益产品，类似银行的理财产品，风险比较低，流动性较好，但这个时候可能就要牺牲掉收益性，一年最多也就是四五个点。

如果想找一个流动性和收益性都比较好的产品，短期来说波动性就会比较大，比如股票，是一种短期投机。

所以如果有人说他有一款理财产品流动性好随时可以拿出来，风险低收益高，那一定是骗人的！

和道德风险不同，市场风险是收益的来源。

有人会说我想去投资，但是我不想承担任何的风险，抱着这种想法就建议不要去投资了，去银行存款才最安全，存款也要注意分散度哦，因为我国的存款保险制度是，每家银行最多只赔50万元。

如果不满足于银行存款的利息，就必须要投资，想要投资就要能够承担风险，风险的大小决定未来的收益有多少。

规避了道德风险后，我们就要在市场风险里寻找投资机会。市场风险是指行情有起伏，投资收益有波动。

我在后面会花很长的篇幅讲怎样应对市场风险，在险中求富贵。

（五）风险是看底层资产不是看通道

初涉投资市场，你会被一些专业术语搞得晕头转向，什么是信托、专户、基金？基金还分公募和私募，到底哪个更安全？

事实上，信托、专户、基金之类的只是理财产品的外壳，专业名词叫"通道"，真正的风险和收益要剥开外壳，看里面装的是什么，是债券、股票还是其他什么投资品种，这些是底层资产，具有一定的风险和收益属性。

这样说还是太抽象，我来打个比方。

如果去餐厅吃饭，我们能仅从盘子的形状来判断一道菜好不好吃吗？显然不能。

理财产品也是同样的，信托、专户、基金其实就是装菜的盘子，盘子里面可以装鸡鸭鱼肉，也可以装萝卜青菜，这些菜实际上也就是我们投资的股票、债券、贷款票据。有时候，我们会在盘子里装一个碗，就好像我们可以在信托里再套一层基金，这些都是结构上的设计，并不影响实际的投资效果。

那为什么还要有这么多不同的通道类别呢？

这和我们国家的理财产品发行制度有关。理财产品本质上都是资产管理机构受人之托代人投资，不同的资产管理机构拿到的金融监管牌照不一样，造成了大家能发行的产品类型不同。

比如信托公司拿的是信托牌照，所以只能发行信托计划。近几年发行的信托计划大多数投向贷款类型的债权产品，也就是我们常说的固定收益产品，所以很多投资人以为只要是信托就是低风险的。事实上，信托也可以投股票，还可以投其他高风险的资产。

在不同的监管年份，信托、专户和基金能投资的方向有些许区别，或者有些机构资金的投向有明确的要求，为了规避监管和投向要求，管理人就用一个产品投向另一个产品，一层套一层，就像一个盘子装一个盘子，盘子堆很高，都看不到菜了。万一倒下来，所有的盘子就都完了。

所以这几年监管层一直强调去通道，就是为了把一盘菜清清楚楚地呈现在投资人面前，好吃不好吃咱们再说，最起码知道我吃到了什么对吧？

（六）私募基金比公募基金风险更大吗

有一次在讲座上，一位听众问我：私募基金顾名思义是不是就是私人搞的基金？

他的想法代表了一大群人的想法——他们对私募基金缺乏信任。

相对应地，还有一类产品叫作"公募基金"。

2007年那波牛市，让老百姓都认识了基金这种由专业机构来帮客户投资股票和债券的理财产品。银行代销的基金大多数是公募基金，一般没有投资起点，可以说是最低投资门槛的理财产品了。按照监管机构的规定，私募基金的起点是100万元，一般只在私人银行和第三方财富机构销售。

按照证监会的要求，私募基金只能面向合格投资人进行宣传销售，合格投资人的定义是：金融资产在300万元以上，或者近3年年平均收入超过50万元。显而易见，私募基金是面向高净值人群的投资品种。

据统计，高净值人群的资产配置比例中，私募基金已经达到了30%，而公募基金不到10%。从这个数据来看，说私募基金的风险大过公募基金显然说不通。其实正如我在上一节所说的，无论是公募基金还是私募基金，只是产品通道不同，要分辨两类产品的真正区别，就要先对私募基金增加一些了解。

首先，无论是公募基金还是私募基金，都在政府监管之下。

基金这个产品形式，是受证监会监管的。私募基金也不例外。一只私募基金从产品设立到募集，再到备案，都有正规的流程，备案完成后都要在中国证券投资基金业协会的网站上公示。

不但私募基金要公示，私募基金公司也要公示。发行私募基金，必须要持有私募基金管理人牌照。

正规的基金产品，也必须要有正规的托管机构。托管机构的作用是监督基金资产——也就是募集的投资人的钱——从哪儿来，投到哪儿去，管理人的净值计算和收益分配有没有算错。托管机构一般是大型银行和证券公司。托管是个技术活，也是要证监会发牌照的。所以只要你投的是正规机构的正规产品，是不用担心老板卷款跑路，或者收益分配不明的事情的。

其次，私募基金的投资范围比公募基金更广。

公募基金的投资范围主要是标准化资产，所谓标准化资产，就必须在全国性交易所备案上市，大致数数只有以下几种：货币类资产、债券、股票、资产支持证券等。

而私募基金的投资范围就很广了。除了公募基金的投向外，私募基金还可以投单一公司的贷款、未上市公司的股权、银行拍卖的不良资产等一切可以证券化的资产。

这对于高净值人群来说，是很有吸引力的，因为在这些大众比较少接触的投资领域里，存在很多稀缺的投资机会。

另外，更广的投资范围也可以让投资人的资产更分散，从而降低风险集中度。

最后，私募基金的仓位更灵活。

偏股型公募基金对股票仓位的要求既有上限，又有下限。而私募基金可以在0~100%的范围内任意调整自己的仓位，只要符合基金合同的约定。遇到极端市场行情，比如2015年股市暴跌，公募基金还是要持有至少60%的股票仓位，而某些私募基金却可以在这个时候选择空仓，躲过一劫。这个优势，在市场全面向好的时候可能看不出来，但是在市场不好的时候就很关键了。所以私募基金我们除了看收益，还会看它的回撤情况。

什么是回撤？简单来说就是净值从最高点跌下来的幅度。回撤控制得好的基金经理，他的纪律性一定很强。当然，市场上也有一部分价值投资者只选股不择时，比如大名鼎鼎的景林资产，对回撤不那么在意，因为他们相信只要选择的标的公司基本面没有变化，那么这些公司的股票在市场修复的时候一定比其他股票涨得都快。这是投资风格的不同，不在此赘述。

但是，这并不是说私募基金什么都比公募基金好。

公募基金的仓位虽然受限，但是由于大部分是开放的，流动性比较好，每天都可以申购赎回。而私募基金，有的月度开放，有的季度开放，有的一年才开放一次，流动性相对较差。

另外，公募基金不提取业绩报酬，这也让某些对费用比较敏感的投资人比较在意。而业绩报酬在私募基金这个行业里是一种激励机制，能鼓励基金经理取得好的业绩。

在基金行业里，公募基金经理看的是名，私募基金经理看的是利。意思是说，公募基金经理不能参与业绩分成，就只能靠每年的业绩排名来激励自己。

还有，公募基金的信息披露更公开、及时。公募基金一般每天公布净值，而私募基金一般一周或者一个月才公布一次。而且按照监管要求，私募基金的投资信息只能对合格投资人披露，所以无法在公开信息里查到。

（七）如何分辨底层资产的好坏

我们了解了装理财产品的盘子，接下来再来认识一下盘子里的菜。正如所有的菜都可以分为素菜和荤菜一样，**我们也可以把所有的底层资产归类为债权投资和股权投资两大类。**

债权投资是指投资人投出的钱相当于放了一笔债，并按约定在一定期限后收回本金和利息。

比如你借一笔钱给朋友，你并不关心朋友拿去干吗了，他要干的那件事干成没有，你关心的是这笔钱他能不能还，以及他愿意出多少利息。之所以我们借钱给别人要收利息，是因为经济学的一个基本理论：**货币具有时间价值**，借款人占用了我的货币，占用期间的时间价值就必须要弥补给我。

举个例子，很多人都借过钱给别人，就是我们常说的民间借贷，银行的固定收益产品，贷款性质的信托产品等，都是我们做过的债权投资。

债权投资的收益来源就是利息，也就是货币的时间价值。而风险来源，就是借款人无法按时偿还本金或者利息。当然，借款人无法按时偿还本金或利息的原因有很多，任何一个原因导致本金或者利息还不上，这笔投资都会出问题。

在我国尚显薄弱的社会信用体系下，借款人违约成本低，债权投资的风险控制是个实实在在的技术活。为了能把本金和利息收上来，需要查看借款人的信用如何，以及借款人的还款来源是什么，只看第一还款来源不够，还要看第二还款来源、第三还款来源……一旦发生违约，还有没有补救措施，比如有没有担保人愿意帮借款人还钱。

股权投资和债权投资有本质的不同，那就是风险共担，利益共享。

我们买一只股票，投资一家公司，公司没有承诺你每年要分多少红，最后能还给你多少钱，收益和风险主要来源于公司经营的好坏。股权投资实际上是赚取了资本的风险价值，在资本市场里，所有风险都有一个对价，愿意冒多大的风险，就能换取多大的收益空间。

表面上看起来，股权投资似乎比债权投资的风险更大，但实际上，债权投资的收益空间有限，违约与否是零和一的关系，主要来源于道德风险；而股权投资的风险更多地来源于市场风险，是我们甘愿拿去换取收益空间的风险。所以并不能简单地说哪种投资的风险更大，哪种投资的收益更高。

我们在遇到投资机会的时候，应先区分一下是债权投资还是股权投资，然后再套用不同的思路去厘清风险和收益来源，查看风险控制手段是不是到位。

本质上说，债权投资主要看过去，而股权投资主要看未来。

扫码收听：

理财第三步：
投资是赚风险的钱

为国人量身定做的流动性配置法

五

量化家庭的
理财目标

家庭的投资组合应该设立哪些目标?

我们在一开始就给小爱和小新的财富人生定了位，两个家庭都是已经有了第一桶金，完成了原始积累的中产家庭，所以现在最大的理财目标就是实现财富自由。

而在真正落实到投资方案中时，大家还有更多的目标，比如要买房，要结婚，要生育，孩子的教育基金等。这些都需要量化成具体数字，我们才能知道为什么而投资，才能在日后市场的波动中不偏离方向，保持初心。

（一）投资收益率多少才能跑赢通货膨胀

我问客户做理财的目标，70%的客户选择了跑赢通货膨胀。在当下这个世界，没有一个国家不实行宽松的货币政策，市场钱多了，对于很多人来说，更大的感触会是菜价更贵了，余额宝收益更低了，简单来说，就是你的财富缩水了。

这真的是很残酷的事实。我们做过的上百个中产家庭的咨询案例里，大部分家庭80%的资产都是不动产，而家里最重要的一部分资产涨不动了，甚至有相当一部分家庭已经感受到了房价在阴跌——对，国家严控一手房下跌，急于出手的二手房业主只能不断让步。

对于资产流动性差、投资品种单一的中产家庭来说，如果再没有很好的办法调整资产结构，财富只能不断缩水。

那么问题来了，中产家庭究竟投资收益做到多少才算跑赢了通货膨胀，财富不缩水呢？这个问题的关键在于我们怎么定义通货膨胀。

教科书上说起通货膨胀率都是看CPI——消费者物价指数。

我国的CPI是多少？我国过去10年的平均数据是2.6%，如果投资做到2.6%，这太简单了，我们国家各大银行的T+0理财目前收益都能做到3%左右，这是真正意义上的市场无风险利率。

但是你肯定觉得哪里不对劲，钱放进银行就真的能守住财富了？老百姓关心的通货膨胀水平，是货币的购买力有没有下降。比如我们小时候唱的歌是"我在马路边捡到一分钱"，现在孩子的课本上写的是"我在马路边捡到一元钱"，你看，二三十年的功夫，货币贬值了100倍。

要求再高一点，我们得做到国家GDP的增速吧？

GDP即国内生产总值，就是这个国家经济发展的速度。中国这个发展中国家，过去10年GDP平均增速达到了8.2%，这表明中国人平均创造出来的生产力是按照8.2%在增长的，这是一个平均值，那么你的投资做到8.2%，至少能跑赢一半的中国人了吧？

再拔高一点，看什么？M2!

M2即广义货币，反映市场的实际购买力和潜在购买力。

坊间一直用M2平均增速来衡量央行印钞的速度，用来做投资理财的目标是不是最贴切？过去10年我国M2平均增速是15%，是不是跟你的感受很吻合？

我国M2总量在2020年1月突破了200万亿元。1955年币制改革，M2只有175亿元，到2013年3月破100万亿元，花费了58年的时间。而从100万亿元到200万亿元，这才过去不到7年就翻倍了，年化增速是15%。

从各类资产的表现来看，绝大部分的银行理财、大宗商品、债券等收益率都大幅跑输M2，只有少数一、二线城市的房价，股票核心资产，还有偏股型公募基金的20年平均收益率跑赢了M2。

看一看你的资产组合有没有达到这个目标？

（二）抛开波动何谈回报

如果我问你："你预期的投资回报率是多少？"你可能会说："投资回报率？当然是越高越好啦！"

成熟的投资人知道，高收益必定伴随着高风险。收益高、风险大的理财产品，真的适合从第一桶金迈向财富自由的中产家庭吗？

所以这个问题，理财师一般会换一个方式来问：**你可以承受的波动是多少？**

波动率和收益率，是资产组合最重要的两个指标，缺一不可。

波动率是什么呢？就是你的资产组合往上涨和往下跌的幅度。

不同大类资产的波动率各不相同，比如债券类资产一般在10%以内，股票类资产一般在20%左右，商品类资产波动率最高，一般在40%左右。

有些刚开始做投资的客户会拿一个股票型基金和一个债券基金问我哪个产品好。这个问题就像在问是清淡宜人的粤菜好吃，还是麻辣鲜香的川菜好吃一样难回答。因为不同的投资种类，波动率完全不一样。

拿2018年和2019年的股票市场和债券市场来说明。2018年股票市场连续下跌，到了2018年底，上证50指数全年的收益为负，不如债券市场的6.3%。但是2019年债券市场的收益还是6点多，上证50指数却涨了40%。

从持有基金的体验感来看，债券基金算是中规中矩，投资收益不太会偏离你的预期，而股票型基金的不确定性就高多了。

在实际投资中，我们有很多方法来降低波动率。比如定投，设置量化模型，配置相关性低的投资品种，以及设定封闭期让投资人眼不见为净。

聪明的你一定看出来了，设定封闭期其实并没有消除波动，只是掩耳盗铃地让投资者心情好一点。这就是波动率的负面作用：会影响投资人的心情，进而可能会影响他的投资结果。

如果你的风险承受能力只有5%，即亏损5%你就觉得很难受了。当投资的亏损达到10%时，你就难过得睡不好觉了，煎熬得不行，这时你可能就会"割肉"，把账面的浮亏变现成实际的亏损。

而波动之所以叫"波动"而不叫"亏损"，就是因为有跌也还有涨，价格是波，久跌必涨，久涨必跌，这是常识。所以受不了的投资人"割肉"没多久，理财产品可能就会又涨回来了。

比如有位投资人去年买的基金，到今年1月，终于忍不住了，亏了20%"割肉"。2月开始股市一路高歌，到4月不但弥补了亏损，还赚了10%有多。

当然这位投资人"割肉"也没有错，因为一开始配了不适合自己风险偏好的产品，及时纠错也是好的。我举这个例子就是想说明资产组合的波动率确实会影响投资人的最终收益。

中产家庭可以拿来投资的钱，大部分都是工作收入积累下来的血汗钱，第一桶金得来不易，加上初涉资本市场缺乏熊市经验，对于投资的亏损容忍度并不高。在一般情况下，我建议组合的波动率控制在10%以内比较合适。

（三）重视生息资产的配置

从财务的角度来看，我们的家庭资产可以分为两大类：

一类是不分红派息，但是资产本身会持续增值，像雪球一样越滚越大，这叫作"增值资产"，增值资产对资产负债表的贡献更大；另一类本身可能不怎么会增值，但是会定期分红，像工资一样补充家庭的现金流，这叫作"生息资产"，生息资产对家庭收入支出表的贡献更大。

如果把增值资产比作雪球，那生息资产就好比雨露，是我们家庭现金流的来源，少了或者晚到了都会把家里的摇钱树旱死。

生息资产的作用，在于补充家庭的现金流。

2020年初的新冠疫情，让国家痛下封城的决策，大家有1个多月的时间困在家里不能出去上班。很多企业和家庭在这种情况下就会面临流动性危机，而生息资产就显得格外重要。

传统的生息资产在这种情况下会失效，线下消费降到冰点，租客无法返城，房东收不到租金，有些信托的底层资产也受到挑战需要提前结束……这时我们的配置思路就需要拓宽，主动寻找可以持续的生息资产。

生息资产有哪些呢?

传统的生息资产，比如：实业分红，是企业主的收入来源；房租，是包租公、包租婆的收入来源。

除了这些，还有很多金融资产是可以有效生息的。

比如信托，一般季度或者半年度派息，只要底层资产够安全，就是很好的生息资产。

比如债券基金。债券基金的收益来源是票息加价格损益，票息部分是相对稳定的。债券会定期派息，但是不是所有的债券基金都会定期派息。一些定期开放的债券基金，收益和分红频次都不错，能够有效补充现金流。

比如绝对收益的基金。这类基金可能不会主动分红，但是由于收益够稳定，曲线够平滑，我们可以在每个季度主动赎回部分收益，留下本金部分继续滚动生息。

还有一些创新型的产品。比如我曾经做过一个固定派息的股指增强策略，资产底层其实是挂钩一个股指，再用金融衍生品做了一个套利。产品妙就妙在把套利收益提前拿出来做季度分红，因为这部分是在产品成立时就确定的。资产底层挂钩的股指虽然有波动，但是因为买入的时候上证指数还不到3000点，这个点位进去放三五年真没什么好担心的。我们买房子，也是平时赚房租，卖出的时候赚差价。而从现在这个时点开始算5年，是房子增值得多还是股指增值得多，我绝对更看好后者。

用一句古话来说，"留得青山在，不怕没柴烧"，保持现金流很重要。

（四）建立你的理财账户

我在前面的家庭财务梳理部分提到了理财账户。**理财账户是根据你的理财目标设立的虚拟账户。**

梳理完家庭财务状况后，我们就知道了手里有多少余粮。家庭现在存量的可投资金额，叫"存量资金"；家庭每个月可结余的可投资金额，叫"流量资金"。这些可贵的本金我们都要好好利用，放进不同的理财账户里精心打理。

我们的人生理想，大多是需要用金钱来支撑的，比如想让孩子读间好学校，想给自己换套好房子，想去环游世界，想在退休后还能保持体面的生活……我们需要把这些梦想落地，转化成理财目标，然后建立不同的理财账户，专款专用地去实现这些理想。

在实践中，我们会给中产家庭设立以下这些理财账户：

1. 零钱包账户

零钱包是我们的应急账户，家庭资产必须保持一定的流动性来应对突发事件。这个账户我建议保持3~6个月的家庭刚性支出，放入存量资金，可以投向流动性很好的、低波动甚至无波动的理财产品。

如果家庭本身的现金流很稳定，比如小爱这样的家庭，每月盈余很多，零钱包的资金就可以放少一点，保持3个月的刚性支出就差不多了。

企业主家庭，现金流通常不太稳定，需要多留一点空间，建议至少留够6个月的刚性支出放在零钱包里。

如果家庭每个月是赤字的，这里需要放更多资金，至少留够1年的现金流差额随时补充家庭开支。

2. 置业金/嫁娶金/生育金/旅游金等账户

置业、嫁娶、生育、旅游等，这些在短期内要实现的愿望，是我们的中短期理财目标。你可以根据不同的目标取一个不同的名字，建立不同的理财账户，就像我会给小新建立一个生育金账户，用于未来2年内的生育计划。**你需要算出实现这个计划需要多少资金，作为理财账户的目标储蓄金额。**

这类理财账户可以根据愿望实现期限的长短对应短期

或者中期理财产品，我会在下一章详细讲述怎么选择合适的理财产品。

1年左右的目标要放在波动率低一些的产品里，比如波动率是5%的理财产品，对应的年化收益率大概就是6% ~ 8%。

如果愿望实现期限放宽到1年，我们就可以容忍更高一点的波动率，也可以追求更高一些的收益率，比如8% ~ 10%的波动率对应10% ~ 15%的收益率。通过预期收益率我们可以算出要实现这个愿望，当下需要多少本金。

3. 教育金账户

有了孩子后，我们就需要给孩子设立教育金账户了。有几个孩子就设立几个账户，可以用他们的名字来命名这个账户，比如大宝教育金、小宝教育金等。教育金是一个长期理财目标，投资期限一直可以算到孩子上大学或者深造的时候。

我在后面会具体讲讲怎么建立教育金账户。

4. 养老金账户

养老金和教育金一样，是一个长期理财目标，每个家庭都应该尽早规划。养老金账户的存续期限，是你期望的退休年龄减去你现在的年纪。养老金账户的目标储蓄金额，是你退休时维持目标生活状态所需要的。

5. 蓄水池账户

如果以上几个账户都规划完了，你还有剩余资金，那么恭喜，你真是个理财小能手，你可以把结余的资金放到蓄水池账户里来增值生息。蓄水池像棒球场上的游击手，也像消防员，哪里需要就用到哪里，都不需要的时候就让它增值，为家庭创造更多的资产，你也就离财富自由越来越近了。

除了以上五类理财账户，你应该还能想出很多吧。有那么多的梦想等着我们去实现，就从建立理财账户开始吧。

（五）给孩子设立的教育金账户

孩子的教育，到底要投入多少钱？这个问题很多家长都没有好好算过。我们来理一理。

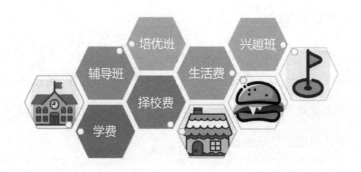

　　教育费用包括学费、择校费、生活费、辅导班等各项，不一而足。毫不夸张地说，教育的投入是个无底洞，我们就只拿最基础的学费来算算，选择市场上一个相对公允的数据，看看不同教育路径下的年度学费。

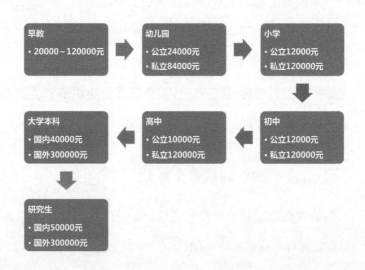

把你的人生理想，量化成数字的目标。

对于上面这张图，经常会有人跟我争论：哪有这么便宜的。我只是取了正态分布里的均值，贵到天价或者低到地板的价格就不在这里讨论了。

按照这个数据，再考虑一下每年4%的通胀（这个通胀数据也是比较保守的），我们来算两个情景：

第一个例子，是最省钱的方法，全部走公立路径。

孩子年龄/岁	阶段	教育方式	费用/元		通胀后费用/元
0	生育	公立	10000.00		—
1	早教	私立	10000.00		—
2			10000.00		—
3	幼儿园	公立	24000.00		—
4			24000.00		24000.00
5			24000.00		24960.00
6	小学	公立	12000.00		12979.20
7			12000.00		13498.37
8			12000.00		14038.30
9			12000.00		14599.83
10			12000.00		15183.83
11			12000.00		15791.18
12	初中	公立	12000.00		16422.83
13			12000.00		17079.74
14			12000.00		17762.93
15	高中	公立	10000.00		15394.54
16			10000.00		16010.32
17			10000.00		16650.74
18	大学本科	国内	40000.00		69267.06
19			40000.00		72037.74
20			40000.00		74919.25
21			40000.00		77916.02
22	研究生	国内	50000.00		101290.83
23			50000.00		105342.46
24			50000.00		109556.16
合计总费用/元			550000.00	高峰期费用/元	610329.52

　　乍一看，55万元的合计费用也并不高昂，大多数家庭都是承受得起高等教育的。但是走公立路径还想培优也不是那么简单的，好一点的公立学校要么得有个学位房，在广州，一套学位房至少要300万元的投入。不要学位房，也得要择校费。另外还有辅导班、兴趣班的费用，如果算一年投入10000元，也得要再加10多万元。

　　那我们来看看"贵族"路径"贵族"路径下的教育费用。

孩子年龄 / 岁	阶段	教育方式	费用 / 元	通胀后费用 / 元
0	生育	私立	100000.00	—
1	早教	私立	60000.00	—
2			60000.00	—
3	幼儿园	私立双语	84000.00	
4			84000.00	84000.00
5			84000.00	87360.00
6	小学	私立双语	120000.00	129792.00
7			120000.00	134983.68
8			120000.00	140383.03
9			120000.00	145998.35
10			120000.00	151838.28
11			120000.00	157911.81
12	初中	私立双语	120000.00	164228.29
13			120000.00	170797.42
14			120000.00	177629.31
15	高中	国外	300000.00	461836.22
16			300000.00	480309.67
17			300000.00	499522.05
18	大学本科	国外	300000.00	519502.93
19			300000.00	540283.05
20			300000.00	561894.37
21			300000.00	584370.15
22	研究生	国外	300000.00	607744.95
23			300000.00	632054.75
24			300000.00	657336.94
合计总费用 / 元			4552000.00	高峰期费用 / 元　5544855.08

455万元的总费用，也就是一线城市一套房的价格是不是？

公立、私立或者国际化，不同路径下的教育支出差别非常大，现实一点来说，在这个阶层逐渐固化的年代，孩子可以选择哪条路，取决于孩子自身的能力，也受制于家长的经济条件。

有家长说，孩子还小，以后都不知道能不能考得上，愿意走哪条路。在我看来，孩子有自己的主张，但是做父母的得把自己可以做的先做好。把教育金准备好，不给孩子留下遗憾，万一他能上哈佛，你是不是砸锅卖铁也愿意？

当然砸锅卖铁是一句玩笑话。凡事预则立，不预则废。孩子教育这件事，尽早规划就好。规划的思路有两种：看菜吃饭和砸锅卖铁。

看菜吃饭，就是家里有啥条件就上啥学校，适合大多数普通家庭。

但是看菜吃饭也是要做规划的，因为教育金是一个刚性支出，到了孩子上学的时间点就必须用。所以我们需要建立一个独立的教育金账户，专款专用。

在保证日常生活品质的前提下，到底能存下多少教育金？这需要我们先理一理家庭账本。

拿一个之前我做过的真实案例做演示。孩子现在6岁，准备上小学。家里每个月的幼儿园学费支出是7000元，收支轧差算下来，每年家里可以盈余21万元。那这21万元就可以拿来做教育金或者养老金的规划。

我们假设其中20万元都拿来做教育金，到孩子18岁上大学可以存下多少钱呢？

孩子年龄 / 岁	每年投入金额 / 元	教育账户结余 / 元		
		不做投资	按 5% 的速度增值	按 10% 的速度增值
6	200000.00	200000.00	200000.00	200000.00
7	200000.00	400000.00	410000.00	420000.00
8	200000.00	600000.00	630500.00	662000.00
9	200000.00	800000.00	862025.00	928200.00
10	200000.00	1000000.00	1105126.25	1221020.00
11	200000.00	1200000.00	1360382.56	1543122.00
12	200000.00	1400000.00	1628401.69	1897434.20
13	200000.00	1600000.00	1909821.78	2287177.62
14	200000.00	1800000.00	2205312.86	2715895.38
15	200000.00	2000000.00	2515578.51	3187484.92
16	200000.00	2200000.00	2841357.43	3706233.41
17	200000.00	2400000.00	3183425.30	4276856.75
18	200000.00	2600000.00	3542596.57	4904542.43

不算不知道，一算还真的是一笔可观的钱啊！

不过你们也看到了，同样一笔钱，做投资和不做投资，

10多年后相差了几乎一倍。

另一种思路，是砸锅卖铁。

想好了孩子以后要读什么书，尽自己所能去实现。人还是要有梦想的，规划一下就可以实现，没有什么是遥不可及的，差别只在于你想了没有，想了之后行动了没有。

我就用前面教育费用的案例来讲解。

第一个案例，如果全部走公立路径，通胀前总费用为55万元，主要支出发生在孩子上大学之后，我们规划的方法就是从孩子6岁开始到17岁的教育费用在日常家庭支出里解决，在18岁之前，我们要给孩子攒够高峰期大学本科加研究生的约61万元费用。所以我们的理财目标就是从6岁到18岁，中间12年的储备时间，积蓄到孩子大学本科和研究生所需要的教育费用约61万元。

建立教育金账户，我比较倾向于用流量资金，每年分期投入。如果长期平均收益率达到10%，每年投入3万元就可以在12年后积累到61万元了。

这对大多数家庭来说都没有什么挑战性，那我们来看看第二个案例。

第二个案例通胀前总费用为455万元，通胀后的高峰期费用为555万元，我想对于大部分中产家庭而言也不是一下子能拿出来的。因此，规划的必要性更加凸显。

在此方案中，由于在高中时期即选择出国，费用支出集中在孩子15岁以后。留给我们做教育金储备的时间只有9年。

理财目标是：在9年的储备时间里，攒够孩子出国读高中、大学本科、研究生的近555万元学费。同样的，如果长期平均收益率达到10%的话，每年需要投入的资金是40万元。而如果我们更早一点，在孩子出生不久就开始规划，规划的时间就有15年，每年的投入金额一下子缩减到17.5万元了。

每个家庭的情况都不一样，每对父母的教育理念也不一样，孩子走什么路有他自己的造化，也需要家长的加持助力。

（六）小爱和小新的家庭理财账户

按照小爱的家庭情况，需要设立的理财账户包括零钱包、蓄水池和教育金。零钱包是需要随时支取的，由于小爱家庭的现金流很好，所以不需要放太多资金在零钱包里，大概3个月的家庭刚性支出就可以了，按照家庭财务报表的数据，大概要保持12万~15万元的资金。零钱包的钱也不用放太多，有些家庭总喜欢保持高流动性，殊不知高流动性必然会牺牲收益性或者安全性，所以保持合适的流动性就够了。

蓄水池的资金是用来补充理财型收入的，这部分尽可能地放多点，储蓄目标是每年的理财收益达到每年的家庭总支出48万元。蓄水池的本金可以在夫妻退休之后转入养老金账户，继续生息补充养老金的缺口。

小爱的孩子现在6岁，夫妻俩就一个孩子，对其寄予了很大的期望，计划在高中的时候送孩子去留学。按照前面教育金的规划方法，还有9年的时间来储备教育金，储备的目标是高中、大学本科和研究生的留学经费一共500多万元。这部分我们通常用流量资金，也就是家庭每个月结余的资金来储备。

小新的情况就不大一样，因为一方辞职，家庭现金流不太稳定，零钱包的资金需要充足一些，最好能保持家庭的半年支出。当然小新家只有2个人，每月开销只有2万元，所以保持12万元左右放在零钱包里比较合适。因为考虑一年内要生孩子，所以还多一个生育金的储备目标。生育金的储备时间只有一年，目标是积攒生育和养育初期的大额花费，金额为20万元。小新家的蓄水池需要大一点，对理财型收入的需求更加迫切。

六

建立你的
资产组合

最适合中产家庭的资产配置方法是什么？

建立好理财账户，我们就给自己确定了理财目标，每一个账户的投资期限、收益率和波动率预期都不一样。根据这些目标，我们就可以选择不同的理财产品来建立资产组合了。

（一）流动性配置法

读过前面的内容，你应该知道实现获得不难，难的是控制波动率。对于大多数老百姓来说，控制波动率的最有效方法就是分散投资，我们叫作"资产配置"。每一类资产都有不同的风险属性和运行周期，把相关性较低的资产组合在一起，就能在不同的市场环境下取得相对比较稳定的收益。

市面上常用的配置方法有很多种，比如每样资产都配一些的综合配置法，简单粗暴的二八配置法，兼顾进攻和防守的哑铃型配置法。前面我们说过，在中产家庭进阶的过程中，我们要敢于承受波动，去获取更高的收益空间。所以资产配置光分散还不行，还需要相对集中，以上几种配置方法不太适合资产量有限的中产家庭。

我给大家介绍一个简单好用的方法——流动性配置法。

这个方法需要我们对自己的家庭财务状况有清晰的认

识，并且设定不同的理财目标，不同的理财目标对应不同的储蓄周期，我们可以把资金分成若干份来投资。

这个方法对投资资金没有任何要求，只是需要根据资金的流动性需求选择不同类的产品进行搭配。用这个方法搭建资产组合，首先要把可以拿来投资的钱分分类，看看每笔钱什么时候要用到。如果是短期要用的钱，那就一定不能拿去投机，要放在没有波动或者波动很小的资产里，选择一个现金管理工具。对于短期内用不到的钱，可以用这笔钱去博取相对较高一点的收益。

特别要注意的是，这里说的流动性，是指你要用到这笔钱的时间长短，而不是说投资产品本身的流动性。比如股票是一种流动性非常好的产品，T+1就可以到账。但是股票的波动性非常大，当天就有20%的波动幅度。如果是很快就要用到的钱，很有可能在你想要用这笔钱的时候账面是浮亏的，这时你又必须拿出来，就得割肉忍受亏损。而如果你用钱没那么急，这笔钱就还可以继续放着，等待股票涨回来。

为什么流动性配置法有效呢？主要是两个基本规律在起作用。

第一个规律是，时间可以换空间。所有有价资产的价格都沿着波浪轨迹运行，有波谷就会有波峰，可能短时间来看市场行情不是太好，但是只要你能不抛弃、不放弃，总可以等到一个波峰，遇到它翻本的时候，这种行为就是做时间的朋友。2008年和2015年的时候，很多基金腰斩，但是现在来看，这些基金也都回来了。所以说年轻是最大的资本，年轻的中产家庭完全有能力和时间资本承受更大的波动。

然而大家遇到的困难可能就是稳不住，行情不好亏了一点就在最低点的时候出来，到最高点的时候又比较冲动，很多人都想往里涌。这种行为就是没有做时间的朋友，反而做了时间的敌人。

第二个规律是，权益类资产长期来看能跑赢大多数资产。权益类资产是指股票、股权等投资，这其实是在投资人类的社会进步和经济发展，长期来看，这是最有收益空间的资产类别，远胜过贵金属、债券甚至商品期货等大类资产。

（二）短期理财要保本

按照流动性配置法的思路，我会从短周期的安全型资产介绍到长周期的进攻型资产。

需要再次强调的是，这里的投资周期并不是指产品本身的封闭期限制，而是出于我们自己对投资风险的考量，设想的最短投资期限。

短期要用的钱，比如下个星期就要买房交的首付钱，两三个月之后要给孩子交学费的一笔钱，总之就是半年以内要用到的钱，一定要放在安全的资产内，千万别贪心想着用这些钱去冒险。

那么哪些是安全的理财产品呢？

1. 银行即期理财产品

最灵活的是银行即期理财产品，基本上各家银行都有自己的即期理财产品，优点在于灵活性非常高，基本上可以随用随取。

现在收益率基本在3%～4%。大家去投的时候可以选择一个合适的起点门槛，再去比较收益率。像建设银行的聚财，工商银行的灵通快线，浦发银行的天添盈系列，招商银行的朝招金等。各家银行的手机银行都可以很方便地购买即期理财产品，安全性相差不大。

2. 货币基金

货币基金起点低，基本1元起投，投向是快到期的国债、银行大额协议存款等低风险资产，所以安全性非常高，到账时间基本上是T+1或T+2，虽然收益率有波动但也在一定范围内。

大家熟悉的余额宝和理财通，还有银行推出的一些净值型的即期理财产品，底层资产投向都是货币基金。选货币基金，也要选规模比较大的基金公司的，大公司的盘子大，流动性好。

3. 超短债基金

超短债基金，投资方向是利率债或者快要到期的短期融资债券，这类基金的安全性也很高，到账时间也是T+1或T+2。超短债基金的收益率往往会比货币基金更高一点，和货币基金一样，超短债基金持有一定时间没有手续费。

4. 国债逆回购

国债逆回购，只要在证券公司开有股票账户就可以做，常做的品种有1天、2天、3天、7天的，一般年化收益率在3%～5%，月末或季末经常会有惊喜，年化收益率为20%～30%。

5. 券商收益凭证

券商收益凭证，是除银行理财产品外市面上仅存的可以在合同里写保本的理财产品，因为它是用券商的资本金来发行的，所以安全性相对比较高。缺点是规模有限，因为券商的资本金是有限的，所以不能无限制发行。

以上理财产品是市场上风险相对较小的，不过在一些特定的市场环境下，也会发生一些极端情况，比如2008年的时候某家大基金公司的货币基金发生了流动性风险，2019年某银行被接管之后大额机构存款也面临了兑付危机。市场没有绝对的安全，分散投资还是不变的真理。

（三）中期理财求稳健

如果有笔钱大概率一年都用不上，第二年可能要用到，该怎么投资呢？

放一年，这个时间不长不短，资金可以承受一定程度的波动，但是波动的周期要短，不能有大的损失，更不能有本金覆灭的风险。我们先看两个最常见的产品：**固定收益产品和净值型的债券基金**。

1. 挑选安全的固定收益产品

所谓固定收益，就是给你一个确定的期限和收益率。这个确定其实是一个预期，如果要选，记得要在产品前面加一个定语：安全的。

固定收益产品的保本保息预期大多数是基于发行机构的信用背书，在过往几年理财行业大发展的时期，混入了很多信用不佳却也说可以保本保息的发行机构，甚至有一部分根本就是非法集资的骗子公司。固定收益产品我们不能一概而论好还是不好，需要具体情况具体分析。大家要擦亮眼睛选择安全的固定收益产品。

大多数的固定收益产品一般投向两类资产：一是资金池，比如银行的理财产品，证券公司和信托公司的滚动发行产品。二是债权资产，类似于你放一笔贷款给借款人，到期收回本金和利息。

资金池的风险是，若平台本身的运营出了问题，或者其他板块的投资发生大幅亏损需要用资金池的资金去弥补时，就会使资金池的资金亏损。

债权资产的风险很明显，就是借款人无法按时还款，这时产品就会逾期或者违约了。需要特别注意的是，2018年监管机构颁布了一个资管新规，明确要求银行等机构解散资金池，并且任何机构不得进行刚性兑付。

在资管新规颁布之前，很多大平台为了保障自身品牌信誉，会在产品逾期或者违约的时候用自有资金补足，这就叫"**刚性兑付**"。在这种情况下，投资人不管底层资产投的是什么，他只要认准大平台就可以了。后来监管机构下了很大的决心要求投资机构打破刚性兑付，希望投资人摆脱平台依赖，增强风险意识，也就要求投资人去关注自己投的是什么，正视风险。

我们买固定收益产品，原本是希望取得一个安全的、确定的回报。那在资管新规的大环境下，是不是这类产品就不能买了呢？

买还是可以买，我们可以用这三个方法去挑选尽量安全的产品：

第一要看产品的规范性。产品的管理人要有实力，产品要有规范的托管和备案。

第二要看底层资产的安全性。建议选择底层资产投向比较分散的，投向的行业是比较景气的。有些敏感行业和被重点监管的行业，银行放贷都在规避，你是不是也要避开？

第三要看风控措施是否足够。风控措施的意思是，万一借款方无法按时还款，管理人有什么其他方法能够保证产品安全如期兑付。经常使用的风控措施有：看融资方有没有资产抵押，这个抵押的资产容不容易变现，比如用汽车来做抵押和用房产来做抵押，一般是房产好变现，房产的保值性也强一点；或用劣后资金来兜底，就是管理人有时会把自有资金或者其他关联方的资产一起借给借款人，如果亏钱，先亏管理人或者关联方的钱；有的管理人还会给借款上一笔保险，出了问题保险公司会先赔偿。

2. 灵活稳定的债券基金

如果你觉得看清楚底层资产非常难，这不是你的错，那么多的专业机构都很头疼这类资产的风控问题。所以另一类净值型的产品可能会更适合你，这也是监管机构希望投资人去接受的产品，比如标准化的纯债券基金，虽然没有固定的期限也没有承诺的收益率，但是收益还是相对稳定的，又比固定收益产品灵活。

债券的收益来源是票息收入＋价格波动＋杠杆收益。

票息收入是固定的，跟债券的评级有关系。

价格波动也称"资本利得"。因为债券的票面价格都是100元，发行的时候是100元，到期的时候如果没有违约，也一定会回归到100元，所以大家会觉得期间的波动空间很小。事实上，债券价格从熊市的90元涨到牛市的110元，这里就至少有20%的空间了。更不要说一些高收益债券，出于一些特殊原因短期价格突然下跌50%以上，如果未来信用恢复，价格恢复正常，这里的空间就更大了。

对债券价格影响最大的是宏观环境，尤其是利率周期。我们想一下，如果在一个降息周期，投资人预期未来发行的债券会持续走低，那一定会涌入已经发行的债券里面，供求关系的不平衡就会助推原有债券价格的提升。

杠杆收益，是指基金经理会根据行情的确定性，放大仓位。对于信用好的债券，不怕违约，那么票息收入是确定的，如果未来价格走势也是比较确定的，就可以放心地借款买入。

举个例子，假设一只票息6%的债券，加了40%的杠杆，贷款利息是4%，那么我加杠杆后的套息收益可以去到

（6%-4%）×40%=0.8%，就可以给我的基金增厚0.8%的收益。

投资债券基金，还要看基金投的是什么债券。

债券也分超短债、利率债、信用债、高收益债（传说中的垃圾债）、可转债等。收益预期按上述顺序由低到高排列，风险也是由低到高。这里不详细解释每种债券的玩法了，在金融市场里，做债的技术含量比做股的要高，而且债券市场本身就是机构之间的博弈，基本没有散户参与，所以是一个理性成熟的市场。

对于现阶段寻找安全型资产和固定收益产品替代品的投资人来说，债券基金就是很好的选择。

（四）中期理财的其他选项

前面我讲的两类产品：固定收益产品和债券基金，其实代表了两类不同的资产类别：非标准化资产和标准化资产。

什么是标准化资产？简单来说，**标准化资产就是在证券交易所、银行间市场挂牌交易的产品**，比如股票、债券、ABS（资产支持证券）等，未来可能还有REITs（房地产投资信托基金）。

而相对地，我们平时投的信托计划，还有红极一时的P2P（互联网借贷平台），大多是**非标准化资产**。打个比方，非标准化资产就好比金店的首饰，价格贵又难回收，而标准化资产就好比银行卖的实物金条，成本低且好回收，后者才是投资的首选。

在我国，受到经济下行的影响，这几年非标准化资产爆雷不断。一方面是因为底层资产不够规范，容易滋生道德风险；另一方面是这几年很多的地产项目和政府债务项目受到政策的影响压缩规模，市场无人接盘，项目很容易因为资金链断裂而违约。

而在交易所挂牌的资产，由于还是实行审核制，这类资产因为接受强平台监管，挂牌门槛高，所以，道德风险较小，流动性好，风险相对可控。

除了这两种，市场上还有很多另类策略，波动小，收益相对稳定，可以作为中期理财的选项之一。比如量化对冲基金、套利基金、房地产投资信托基金、商业银行优先股投资组合等。

1. 房地产投资信托基金

房地产投资信托基金即REITs。REITs简单来说就是把一栋或多栋物业折算为一定的价格装到一个资产包里面，这个过程叫作"资产证券化"，证券化之后这栋楼的持有者不再是开发商而是这只基金，基金的投资人可以按照持有份额享受收益权。

REITs的收益来自这栋楼每年的租金收入，每年以分红的形式返还给持有人。另外，这栋楼楼价增值的部分也体现在基金净值里。

国外做房地产投资，很少人会直接去买房产，一般都是通过REITs来投资，省却了房产交易的烦琐手续，投资回报也比较稳定。

有港股账户就可以在香港的市场上买到REITs。境内也有一些投向海外房地产信托基金指数的基金，比如嘉实全球房地产、广发美国房地产指数、上投富时发达市场REITs等基金。由于REITs也像股票一样在交易所上市交易，所以会受到股票市场的影响，有一定的波动，同时因为都是投向海外的基金，基金净值也会受到汇率的影响。

2. 商业银行优先股投资组合

商业银行优先股投资起点较高，国外很多私人银行客户很喜欢投这类资产。优先股可以算是商业银行发行的海外债券，只要银行不倒闭，债券不违约，就能一直拿票息。那些"Too Big to Fail"（大到不能倒，是一个经济学概念，指当一些规模极大或在产业中具有关键性地位的企业濒临破产时，政府不能等闲视之，甚至不惜投入公众财力相救，以避免那些企业倒闭后掀起的巨大连锁反应对社会整体造成更严重的伤害）的银行。正常市况下，商业银行优先股波动幅度都不大，所以也是一个稳健的投资品种。

3. 套利基金

套利是指某种实物资产或金融资产在同一市场或不同市场拥有两个价格的情况下，以较低的价格买进，较高的价格卖出，从而获取无风险收益的投资方法。

通俗的解释就是，小明有一堆书要卖，价格是10元一本。你刚好发现隔壁班小强要买这堆书，愿意出20元一本的价格。你从小明那里买下来再转手卖给小强，这就是金融人士说的套利，民间俗称"倒爷"。

我在2017年的时候投资过一只套利基金，底层资产投的是美国中小银行的债券。美国一些中小银行从2004年开始发行一种长期债券，当年这些债券都被大银行买了去做投资。但是2013年的时候美国金融监管政策发生了变化，不允许银行继续持有这类债券，所以管理人就折价从大银行手中买回来，再加一点钱卖回给当年发债的中小银行，从中赚取差价。

金融行业是做钱的生意，钱的流动性非常好，像水一样，哪里低往哪里流。所以当市场出现套利机会的时候，通常不会特别久，市场上的套利者会通过行动让市场价格回归均衡水平。

套利机会不常有，但是发现了这种确定性机会牢牢抓住它，就可以赚一波很安心的钱。

4. 量化对冲基金

量化和对冲要分开来解释。

量化基金大众还比较陌生，简单来说，就是用计算机模型去做投资的基金。

大家都知道投资是一项逆人性的工作，要克服人性中的贪婪和恐惧，可不是一件容易的事情。但是这事对计算机来说很容易，按照设定好的程序，它会严格地执行买入或者卖出的命令，良好的纪律性使得量化基金可以很好地控制回撤。

还有一件人做不到的事情，就是计算机的速度很快，在出现极端行情的时候，往往会发生资金踩踏，谁比谁快了一毫秒，成交的概率就大很多。

量化是一种投资方法，可以用计算机模型来操盘的标的有很多，比如股票、商品、期权等，波动很大的投资品种都很适合做量化投资，但是每个标的，或者说每个市场，我们用到的模型和方法都不一样。

我们说的对冲基金，往往特指股票市场的量化投资基金。其投资逻辑是，股票的收益来源于两部分：一是市场的趋势，就是整个市场都在涨，会水涨船高带动着个股上涨，这部分收益我们叫"贝塔"，用希腊字母β表示。二是有些股票会跑出比市场平均水平更好的表现，这部分收益我们叫"超额收益"，用希腊字母α（阿尔法）来表示。

我发现，超额收益取决于我找的股票是不是质地更好，比如盈利更高，净利润增长更快，近期有更多利好消息刺激股价等，用这些因子建立起计算机模型，我们就能找出比市场平均水平更高的股票，而且你会发现这些股票在市场上涨的时候会比指数涨得快，在市场下跌的时候也往往更抗跌。

那我能不能就不要市场的涨幅，只要这部分超额收益呢？可以的，股指期货这一对冲工具就给了我们实现对冲市场风险的可能性。**我们把市场的贝塔对冲掉了，留下的就是阿尔法的部分，这部分收益往往是比较稳定的。**

打个比方，就像一杯奶茶，下面的奶和茶就是贝塔收益，上面的奶盖就是阿尔法收益。如果我只想喝奶盖不想喝奶和茶怎么办？我就在杯底钻个洞把奶和茶漏掉，剩下的就只有奶盖了。

优秀的量化基金管理人，可以把曲线做得非常平滑，波动的幅度非常小。而收益的大小可以用杠杆来调节。这样我们只要在计算机模型中设置好自己的波动偏好，比如能承受1个点的波动还是5个点的波动，就能相应地预期收益率的大小了。

我在中期理财这里讲了很多，其实是因为中期理财对流动性和收益性的要求都很高，是非常难打理的。全世界最优秀的资产管理机构都在绞尽脑汁地寻找可以长期有效、稳定增值的资产。

（五）长期理财要收益

长期不用的钱，出于周期的原因我们基本可以忽略波动的因素，只需要考虑收益性，所以相对还更容易一些。我们把长期的配置看成是投资金字塔最顶端的部分。

长期不用的钱，包括家庭用不着的蓄水池账户，以及长期的理财目标——教育金、养老金等账户，我们可以大胆地投进权益类资产里，博取高收益，否则你的投资组合里都是保守的产品，整体收益是没法跑赢通胀的。

大家最熟悉的权益类资产就是股票和股票型基金了。

1. 股票投资的方法

投资股票，我们得先搞清楚股票的收益来源到底是什么。

股票的价格取决于上市公司的盈利能力和市场对其未来成长性的预估，用公式表示就是市值=净利润×市盈率。净利润反映了上市公司的盈利能力，这个从财务报表上就能找到。市盈率即PE，就是市场给这只股票的估值水平，是可以用市值/净利润算出来的，这是股票投资最重要的指标之一。

任何交易的原则都只有一个，就是低买高卖。**股票价格的高低如何来衡量呢？不是看这只股票的绝对价格，而是看估值水平，也就是市盈率。**我们知道所有有价资产都应该有一个内在价值，一只股票市盈率的内在价值就应该是它所在行业的平均水平，如果有一个区间范围，那就应该不高于这个行业龙头的估值水平，也不低于这个行业最差公司的估值水平。

有了这个参照物就好办了，中学政治课里就学过，价格是围绕内在价值上下波动的。一只股票由于受到市场的追捧，价格涨得很高，市盈率超过了行业平均水平，如果没有其他原因去支撑它的估值——比如它比行业内其他公司的股票具有更好的成长性等——就一定是一个错误的定价，市场对这只股票的估值高了，就有可能会跌。如果市场忽略了一只股票的价值，明明有很好的成长性或者有一些尚未被市场周知的好消息，但是估值却低于市场平均水平，那么就大概率会涨。

然而大多数人买股票都没能赚到钱，为什么呢？

因为从错误定价恢复到正确定价的过程，不知道要多久，可能是1天，可能是1年，也可能是10年。**巴菲特说：没有人愿意慢慢变富。**所以，很多人等不到正确定价的那一天就抛售了。

巴菲特说得对，股票的流动性太好了，今天买明天就能卖，可是谁能准确预测明天的股市是涨还是跌呢？我们如果不想着一定要买在最低点，卖在最高点，把收益拉到一个更长的周期来看，只要不是买在最高点，那就总有盈利的机会。所以，股票的高流动性是蜜糖也是毒药。我们要通过"管住自己的手"来逼自己做长期投资，才有更大的胜算。

前面说的这套投资股票的方法，其实就是最经典的**价值投资理论**。价值投资要克服人性的恐惧和贪婪，最重要的是要看你对资产本身的了解有多透彻，你的研究有多深，尽调有多透。对于研究和尽调，大多数散户根本没有这样的技术和精力。

2. 买股票型基金更加省力且胜算更高

专业的事情还是应该交给专业的人来做。对于普通老百姓来说，买股票型基金就是比自己买股票更加省力且胜算更高的事情。

但是市场上基金那么多，如何选一只好基金？

股票型基金有两种最简单的挑选方法：一是买主动管理型基金，找优秀的基金公司和优秀的基金经理。二是买指数基金做行业轮动。

第二种方法对专业度的要求同样很高，而且很考验择时能力，不建议大家用。买主动管理型基金更适合中国大多数投资人。

近几年很多理财大V推荐指数基金，因为巴菲特说大多数人跑不赢指数。其实股票指数有很多种，指数基金也分很多种，上证综指、上证50、深成指、沪深300、创业板指、创业板50、中证500、中证800、中证1000、红利指数、行业指数……很难选择买哪个。

首先，巴菲特说的是美国市场，美国市场跟中国市场差别很大。美国是一个成熟市场，成熟市场错误定价的概率低，能做出超额收益的机会小。而A股的波动性比美股大很多，存在很多错误定价的投资机会，专业投资人是可以获得很高的超额收益的。

其次，美国市场机构投资者多，普通老百姓也是通过专业理财机构去做投资的，美国市场的指数基金那么发达，是因为机构投资者需要低费用的投资工具。这和中国市场散户比例达90%的现状差别很大。

所以，我们不应该照搬某一套理论，别人说买啥就买啥，一定要搞清楚自己买的是什么基金，为什么要买这只基金，然后你才能坚定地持有。最简单的方法就是找准一家规模大且投研能力成体系的基金公司和一个长期业绩优秀的基金经理。

3. 投资股票型基金该不该择时

很多人喜欢择时，把买基金当成炒股票那样操作。而数据显示，中国基金行业发展了20多年，偏股型基金的平均年化收益率是14%，有几个人能做到呢？数据还显示，60%以上的基民是亏钱的，还有接近30%的基民赚了一点，也就是不到一成的人通过基金真正实现了资产增值。跟炒股票不赚钱一样，我还是会把这个原因归结到投资行为上。

中国市场最早的基金是封闭式基金，一封就是15年。但是市场不接受封闭式基金太低的流动性，华安基金发行了第一只开放式基金华安创新，开创了基金销售的新局面，公募基金从最早的几亿元规模做到现在的十几万亿元规模。

销售局面打开了，问题又来了：基金公司赚到了钱，基民没有赚到钱。反而是最早的那批封闭式基金，给投资人赚了8～14倍的回报。你看，投资就是这么逆人性，大多数人买的东西，不一定是好东西。

后来有个叫"东方红"的基金公司想明白了这件事，在大家都搞开放式基金的时候，开始卖3年封闭式基金、5年封闭式基金，用约定封闭的合同帮助投资人纠正不良投资行为，这样的结果是双赢的，投资人获得了实实在在的回报，也对这家基金公司产生了高度的信赖，东方红真正做出了口碑。

所以说买基金，真的不需要过度择时，只要我们处在一个相对低位，只要我们还看好未来的中国市场，就随时可以放心地买入。

4. 基金定投的微笑曲线

除了封闭式基金，基金定投也是一种体验非常好的投资方式。

很多理财平台都可以设置这种智能约定扣款投资基金的方式，有点类似于零存整取，起到强制储蓄、聚沙成塔的作用。同时也因为在不同的时间点分批建仓，整体上摊薄了建仓的成本，所以基金定投的波动也相对更平滑了。

和买基金一样，做基金定投最重要的是坚持，不能轻易放弃，特别是不能在跌的时候停止定投，而应在市场跌的时候加大定投的频率和金额，这样可以积累更多的便宜筹码。

基金定投对于有稳定现金流结余的家庭来说，也是一种非常好的方式，我们在做教育金、养老金这种长期规划的时候，一定会用得到这个方法。

扫码收听：

短期理财要保本

中期理财求稳健：非标和标准化之争

中期理财的其他选项

长期理财博收益

资产配置就像搭积木，

搭得稳才能搭得高。

七

说几个大家感兴趣的
另类投资

这些热门的投资领域能不能投？怎么投？

（一）房子还能买吗

中国家庭对于房子有着特殊的情结，拥有一套自己的物业是一个不能忽视的问题。

以前我在培训机构讲课的时候，有年轻人问我第一桶金在哪里，我说在房子里。

他说你是理财师，你不是总说房子不会再涨了，为什么还要叫我去买房子？

我说，对于中国人来说，房子不只是一个投资品，还是一个情感寄托物。

我和先生有一年去悉尼，借住在一个师兄租的公寓里。临走的前一天晚上，他非常开心地请我们吃饭饯行。我想着他送我们走怎么那么高兴呢，师兄掏出一串钥匙说，今天付了款，拿到新房的钥匙了！那一餐饭的满足和荣耀感，我到现在还记得。

你一定也有这样的体验，在一座城市里，哪一个时刻最有归属感？一定是第一次拿到新房钥匙的时候。

你对自己说，我扎根了，安居了，不再流离失所了。从那一刻，你成为一个有产阶级，再也没有人能给你随便涨租金，再也不用把跟随多年的衣物打包再拆开，拆开再打包，再也不用把珍藏的好书好物都寄放在父母家里，再也没有人能因为你的外地户口就不让你回住所……

而在中国乃至全世界，房子代表了最高质量的抵押品。你的名表、字画、游艇、跑车都是浮云，土地砖头才是金融机构的最爱。所以，不管怎样，一个家庭至少要有一套房子，这是刚需。

但是房子作为投资品来说，这几年已经丧失价值了。且不说政府对于控制房价的决心，**就是从金融的角度来说，房子也不可能暴涨了，核心在于利率下行。**

房子过去10年为什么涨？

2008年经济危机爆发，政府大规模释放流动性资金，但是由于经济增长结构的问题，资金并没有全部流向实体经济，而是大量流入了房地产行业。

2015年，国家实行了供给侧改革，首先调整了经济增长结构，2016年和2017年分别是去产能与去库存，也就是减少商品和房子的供给。2018年去杠杆，我们关掉了影子银行，关闭了资金流向房地产行业的通道，大幅度降低货币增速。然后从2018年5月开始减税，到2019年减税规模达到2万亿元。

很明显，2018年是转折的一年，从这一年开始，国家已经改变了经济增长模式，从以土地财政为代表的刺激需求转向约束货币、减税改善供给。

因为相比对土地财政的依赖，国内还有一个更大的雷，那就是债务问题。绝大部分的债务以不动产和股权做抵押，2018年股市整年下跌，一大批股权质押的债务爆仓，去杠杆去得痛不欲生。但这还只是切肤之痛，如果不动产价格大幅下跌，涉及不动产抵押的债务大面积违约，以银行为基石的中国金融体系立马崩盘，那就是断臂之痛了。

所以房价不能涨，更不能跌。目前能想到的唯一出路，就是让楼市横盘。横盘几年，通胀上来，居民收入水平上来，房价在商品市场里也就不会显得鹤立鸡群了。

我一直说，政府现在的限购限价政策，并不是为了限制房价上涨，而是为了防止房价下跌。限购是减少了买方需求，限价是控制住了一手交易市场。市场价格主要由一手楼价格反映，二手交易都是个案，可以不计入统计数据。

但是对于炒房的买家来说，二手市场价格才是资产变现的基准，真实的市场情况是买家难寻，成交价格一降再降。

这样的改革有没有先例可循呢？我们来看一下美国，20世纪80年代之前，美国老百姓也是对房子迷之信仰，但是美国从1980年开始，股市开始了一轮超级大牛市，到目前为止股市的涨幅是25倍，房子一共就涨了大概5倍。如果算年化回报，美国人过去40年买股票每年就是10%的回报率。但如果你去买房，每年大概是4%的回报率。也就是说，过去40年在美国买房是非常败家的行为，而买股票才是人生赢家。

历史不是简单的重复，过去10年在中国只要买房就能赚钱，所以很多人就形成了路径依赖——只有买房是靠谱的。但是中国的房子一旦丧失价格增长动力，再配上2%都不到的租金回报率，你还会觉得这是一个好的投资吗？

所以房子到底能不能买，取决于你是把房子当消费品，还是投资品。如果是刚需，就不要在乎价格的波动；如果是投资品，要接受房子成为低回报投资项目的预期，摆脱路径依赖，积极寻找新的财富增长点，否则很有可能会赶不上新一轮居民财富增长的平均水平。

（二）P2P在中国为什么玩不下去

这几年最让中产家庭失血的就是P2P了。这个在国外运作良好的金融创新项目，为什么在国内经历了遍地开花的盛况，又一夜之间灰飞烟灭呢？

P2P，英文名全称是Peer to Peer Lending，是个舶来品，直译就是点对点的借款。借款人在平台发放借款标，投资人进行竞标向借款人放贷，由借贷双方自由竞价，平台撮合成交，在借贷过程中，资料与资金、合同、手续等全部通过网络实现。

这个定义有一个关键点：每一笔借款都对应一笔确定的资产。每次听到P2P爆雷的消息，总有很多朋友来问网贷中的其他种类，比如消费贷、房抵贷等。后者的底层资产是多笔小额分散的贷款资产包，风控用的是大数法则，跟P2P的集中性是两种投资逻辑。

下面分析一下P2P的几大风险：

1. 集中度

做过银行贷款的人都知道，银行审批一笔贷款，首先看第一还款来源。第一还款来源是什么？一定是企业的经营现金流。在P2P平台承受几倍于银行的利息借钱的企业，一般都是小微企业，说倒就倒，让投资人借钱给他们，这风险是不是比天使投资还高？

P2P的金融本质是直接融资，不是间接融资，它不是银行，不是信用中介，这个基本的界限非常清楚。如果是直接投资P2P资产，那么应该有更高的合格投资人要求。就是说你要想好这笔钱拿不回来也无所谓，不影响你的生活。

而我国对于这么高风险的投资没有设门槛，这是非常危险的。普通投资人的投资知识和资金实力都有限，投进去的基本都是老婆本、棺材本、家里几十年的积蓄。

放一笔贷款，至少还要有三条风控措施。风控措施有哪些？抵押、担保和理赔。

P2P的风控措施在哪里？有抵押物吗？抵押物是什么？是不是房子？房子抵押有没有到房管局去登记？抵押物只看房子、汽车、生产设备这些物资折价高、流动性差，拿回来也很难处置。

所以悖论来了，但凡借款人有房子可以抵押，他为什么不找银行借钱？现在国家对小微企业的扶持力度很大，银行对于有房产抵押的经营性贷款是非常欢迎的，利率甚至低于5%。但是房子如果抵给了银行，在房产局备案过，再抵押就比较困难了，抵押物的价值也大打折扣。

担保？谁来做——P2P平台？借款人自己？专业的担保公司？你信得过哪个？

理赔？据我所知，对于P2P平台的资产，目前没有一家财险公司敢承保。如果我说错了，欢迎指正。

2. 透明度问题

正规的理财产品，资金必须托管在银行或者券商的专户里。P2P的资金存管一直是个大问题，大部分银行和券商都不愿意存管P2P资金，因为风险太大了，万一爆雷存管机构也会受牵连。如果没有正规的存管平台，那么投资的钱去哪了？谁也说不清。

虚假交易、自融是P2P很难避免的道德风险。

什么是自融？就是融来的钱用于自己集团公司的运作。自融平台等于自己当球员又当裁判，风控措施形同虚设，多少平台都是老板轻轻松松就卷款跑路了。所以你说自融就是非法集资，也不为过。

3. 规范性问题

有很长一段时间，P2P平台不需要牌照就能经营，这在"金融就是牌照"的我国，简直是一大奇观。后来跑路了的平台实在是太多，民怨沸腾，监管机构开始管了，发放的是网络小贷牌照，但是监管机构对这个事情还是很纠结，原本号称有5000多家P2P平台，最终只发了300多张牌照，2017年互联网金融风险整治工作领导小组又暂停批设网络小贷牌照了。

一些P2P平台想要生存下去，对监管机构要求的都努力去做，牌照、存管、备案、大数据风控，一个也不少，可以说是求生欲非常强了。但是结果呢？还是逃不过挤兑。

4. 流动性风险

P2P行业在尾期整体都处于一种恐慌的状态，整个行业资金净流出，即使是真正做P2P，一些不合规或者风控做得不好的地方，都会被放大。

如果平台是靠债权转让来缩短底层资产与产品的期限差别，有大量期限错配，那么在一个平台大量资金净流出时，由于没有资金续投，若投资人债权转不出去，无法赎回产品，流动性就可能会因此受到影响。

如果平台风控做得不好，出现超过平台承受能力的坏账，以前平台可以靠做大规模来覆盖，现在由于双降政策以及投资人恐慌没有办法开展业务，可能出现逾期，甚至会拖累平台倒闭。说简单点，就是随时会挤兑。

所以P2P投资看起来很简单，其实付出和收获不成正比。安全的理财产品有很多，前提是追求合理的收益，大家要擦亮眼睛。

（三）简单易做的贵金属投资

黄金一直是深受中国投资人喜欢的投资品种之一，这是因为黄金投资的优点太多了：

首先，黄金交易是世界上税务负担最轻的投资项目。

相比之下，其他很多投资品种都存在一些让投资人容易忽略的税收项目。特别是遗产税，当你想将财产转移给你的下一代时，最好的办法就是将财产变成黄金，然后由你的下一代将黄金变成其他财产，这样可以彻底免去高昂的遗产税。

其次，黄金投资流动性好。

黄金的产权转移、资金转让，没有任何登记制度的阻碍，而诸如住宅、股票的转让，都要办理过户手续。假如你打算将一栋住宅和一块黄金送给自己的子女时，你会发现，转移黄金很方便，让子女搬走就可以了，但是住宅就要费劲得多了。由此看来，这些资产的流动性都没有黄金这么好。

再次，黄金是全世界范围内认可度极高的抵押品，变现容易。

由于黄金是一种国际公认的物品，根本不愁买家，所以一般的银行、典当行都会给予黄金90%以上的短期贷款，而住房抵押贷款额最高不超过房产评估价值的70%。

最后，黄金的投资品种单一，价格透明。

任何地区性的股票市场，都有可能被人操纵，但是黄金市场却不会出现这种情况，因为黄金市场属于全球性的投资市场，现实中还没有哪一个财团或国家具有操控黄金市场的实力。黄金市场是一个透明的有效市场。

那么，投资人如何投资黄金呢？

首选账户贵金属。

账户贵金属最早又称"纸黄金"，因为当时只有账户黄金的买卖，之后各家银行又加入了白银、铂金等账户交易品种，所以严谨一些应该说是账户贵金属交易。而且账户贵金属还有一个优点，那就是可以用境内美元来操作。很多朋友在境内有美元但不知道投什么，其实账户贵金属就是一个很好的投资品种。账户贵金属的交易起点低，0.1克起就可以买卖，只可以做多，不可以做空，买入和卖出都是即时到账，流动性也非常好。很多银行的手机银行都可以操作，一般归在投资理财板块里面，大家可以自己找一下。或者去大一些的银行问一下账户贵金属交易怎么开通，客户经理都会很乐意教你的。

还有一个方法是可以买黄金ETF（交易型开放式指数基金）联接基金。

很多基金公司都有关联黄金现货或者伦敦金等黄金市场相关的ETF基金，这些基金是封闭的，只能在场内交易，就是在股票账户里买卖。我们在银行和其他基金超市中可以买的是黄金ETF联接基金，和其他开放式基金完全一样。

有证券账户的投资人也可以买卖黄金类的股票。

如果买黄金类的股票，你投资的其实是一个以黄金开采、冶炼或者销售为主的上市公司。它们的股票走势，除了与黄金本身的价格影响有关外，更多的是与公司的运营管理有关。股票本身是每日20%的涨跌幅度，会比黄金本身的波动要大，更适合激进一点的投资人。

更激进的投资人，可以做黄金期货。

黄金期货是针对黄金现货推出的一种期货合约，是指以国际黄金市场未来某时点的黄金价格作为交易标的的期货合约，具有一定的标准。

一般而言，黄金期货的销售者和购买者都在合约到期日前，出售和购回与先前合同相同数量的合约而平仓，而无须真正交割实金，契约到期后就是实物交割。而投资人每笔交易所得利润和亏损，等于两笔相反方向合约的买卖差额，这种买卖方式也是通常所说的"炒金"。

交易黄金期货可以去期货公司开通交易账户，也可以在银行开通黄金T+D交易。

最后一个投资方式，是中国老百姓最爱的实物黄金。

投资实物黄金，是利用了实物黄金的保值和避险功能，为个人家庭做好应急储备。要说在特殊时期变现避险，只有实物黄金才有这样的功能，其他几个虚拟金融投资方式是不行的。但是实物黄金的价格会比账户黄金贵一些，变现要考虑折损和检测费用，相对没那么方便。买实物黄金避险，最好去银行买金条，不要去金店买首饰，黄金首饰加上了加工费，在变现的时候加工费是不值钱的。

特别要警惕互联网黄金交易平台。

绝大多数的互联网黄金交易平台都是非法的！

2017年监管机构公布了黄金正式做市商名单，仅工行、农行、建行、中行、交行、兴业、招商、中信、平安、宁波10家银行，尝试做市商的也仅有光大、民生、广发、浦发、上行、澳新6家银行上榜。国家规定互联网机构仅可提供产品展示服务，如果参与买卖交易，都存在诈骗嫌疑。

鉴别风险最简单的方法就是看你的资金是打到哪里去的。这些所谓的炒金平台资金不会流到合法的托管账户或者黄金交易所，最终都是去到"野鸡"公司或者私人口袋里。而你看到的K线图都是虚拟的，逗你玩的。至今我还没发现一个合法的贵金属交易网站。所以炒金一定要去合法的交易平台，最靠谱的就是去银行。

总结一下可知，投资黄金应密切结合自身的财务状况和理财风格。

你投资黄金，目的是在短期内赚取价差，还是作为个人资产配置的一部分，对冲风险并长期保值增值呢？对于大多数非专业炒金者而言，后一目的更为重要，所以用中长线眼光去投资黄金可能更为合适。

（四）配一点外币资产

关于人民币汇率一直存在很大的争议。有些人觉得我国国力提升，人民币应该越来越坚挺，越来越值钱；而有些人觉得人民币发行增速快，购买力下降也快，从这个角度看应该大幅贬值才对。

要想看清楚人民币汇率的趋势，得先了解一下人民币汇率发展的历程，以及我国现行的汇率定价机制。

1. 人民币汇率发展历程

人民币汇率发展历程大致可以分为四个阶段：

第一阶段是1994年之前，市场有一个官方的指定汇率，但是你在市场上根本无法通过指导价格买到美元，只能通过黑市上一个特别高的价格买美元。1994年央行把官方汇率和调剂汇率并轨，实施了一个盯住美元的汇率制度。

第二阶段就是从1994年并轨制以来到2005年，大概11年的时间里，人民币兑美元基本保持在1∶8.3左右。

2005年7月，人民币进行了第一次汇改，开启了人民币单边升值的第三阶段，这一期间人民币不再跟美元挂钩，而是参考一篮子货币定价，一直到2015年，在长达10年的时间中人民币汇率从8.3升值到6.2附近。这期间，只有2008—2010年因为全球发生金融危机，外围市场波动非常大，为了稳定汇率，人民币兑美元短期内盯住6.8左右不动。

第三阶段是在这之后又继续一个单边升值进程，直到2015年的"8·11"汇改。2015年8月11日，人民币宣布对美元一次性贬值2%，并且进一步完善人民币汇率的中间价报价机制。在这之前人民币中间价是一个不透明的价格，由央行每天上午9∶15报价。

第四阶段，"8·11"汇改之后，人民币汇率发展进入新阶段，中间价的形成机制更加透明，同时人民币的汇率波动也更加多向，既可以升值，也可以贬值。人民币汇率的走势跟美元指数的相关系数非常高，可以粗略地认为人民币跟着美元指数在波动。所以美元涨人民币就跌，美元跌人民币就涨。比如2015年到2017年初，美元指数从96升到了103，人民币兑美元汇率也从6.4贬值到6.9左右。而2017年2月之后，美元指数逐步走弱，2018年中跌回到90附近，人民币汇率也快速升值到6.3左右。这期间还发生了中美贸易摩擦，随后中美汇率更成为贸易摩擦形势的风向标，人民币贬值，意味着贸易摩擦加剧，人民币升值，意味着贸易摩擦缓和。所以我们看到人民币汇率在2019年8月中美最紧张的时候一夜破7，之后一直在一个新的均衡位置上波动。

2. 外币资产怎么打理

这两年汇率的波动之大，速度之快，相信很多做外贸的朋友深有体会；有移民或留学计划的家庭，也深受影响；出境旅游和跨境海购也能够感觉到汇率的变化。持有外币资产，对于中产家庭来说是一个必选项，是资产多元化配置的必经之路。

不过对于大部分人来说，持有外币最大的问题还在于怎么打理。国内银行有一些外币的理财产品，年化收益率最高也就3%，而国外就没有固定收益理财产品这一说法，好不容易换了外币，收益率却跑不过人民币资产，也是着急。

其实美元的投资途径和方向也是很多的。**国内的美元可以投资美元计价的公募基金**，各家银行和各基金公司直销都可以申购，可以用现钞或者现汇直接结算。投资标的有我们前面介绍的股票类、债券类、大宗商品类、REITs类等。还可以在各家银行做账户贵金属交易。

如果资金在境外，可以投资的方向就更多了，**选择最多的是境外保险、境外基金、境外房产**。境外投资要摆脱境内投资的固有思维，境外市场的成熟程度和经济周期与境内不在一个节奏，即使是同一类资产，走势也有可能截然相反。比如2018年境外新兴市场美元债券市场平均跌幅在8%，而境内走出了一波债券牛市，债券基金平均回报是6.19%。而2019年新兴市场美元债反弹，境内债市却表现平平了。

房地产和股市也同样与境内差别很大。境外的房产涨幅没有境内大，但是租金回报比境内高，出于打理成本和税务成本的考虑，境外投资人更喜欢用REITs这一工具来投资房地产领域，而不是购买实体房产。股市更加背离，美股连涨了12年，上证指数却起起伏伏在原点。

境外投资，最需要关注的是投资平台的安全性和资金闭环，也要警惕如2008年那样的金融危机对海外资产的侵袭。

（五）股权投资是带刺的玫瑰

很多中产家庭都了解或者尝试过股权投资。在朋友创业时参与一点启动资金，在听说一个项目马上要上市时买点原始股，还有的买一些创投基金的份额。

朋友创业跟你拿点启动资金，那叫"天使轮"。数据显示，近3年从天使轮能进入A轮的比例是9.6%，从A轮能进入B轮的比例是26%。所以说创业是九死一生，一点都不夸张。

接近IPO（首次公开募股）的项目，这几年由于大量资金涌入，已经没有多少收益空间了。比如2018年港股上市的很多企业，上市后直接破发，最后一轮进入的投资人普遍亏损10%以上。靠关系拿到的明星项目的额度，不知道在第几轮也不知道转了多少手，每一手都加道费用剥层皮，且不说是不是真的能投到项目里面，即使投得进去，收益也被高昂的通道费剥完了。

这几年做股权投资的人中，鸡犬升天的少，一地鸡毛的倒不少。股权投资像一朵带刺的玫瑰，确实很美，但是摘的时候要小心。

1. 如何分辨股权投资机会的安全性

市场上的股权投资基金大体分为两类：一类是单一标的，只投一个公司；另一类是集合计划，视基金规模的大小投5~20个甚至更多项目。

投单一标的，要选行业龙头。

单一标的的不确定性因素太多，行业前景、公司发展、政策因素，都是要考虑的因素。大体上，我们先从行业开始入手。政府很鲜明地提到了会为高端制造、云计算、人工智能、生物科技四个行业"独角兽"开快车道，目测这四个行业会成为未来很拥挤的赛道。除此之外，代表中产崛起的消费升级行业也是值得关注的，比如文娱、教育、母婴、医疗等。选对了行业，按股权投资圈子里的说法就是选对了赛道。

比如共享单车这个行业就是一个反面的案例，短短2年烧了那么多钱，倒了那么多公司。很多人盲目寻找风口，说什么风来了猪都可以飞上天。其实这个行业是不是真正有价值，取决于这种商业模式是不是有生命力，仅仅靠烧钱维持的商业模式迟早会死掉。

选好了行业，就要找这个行业里的龙头企业。这是一个资源高度集中的时代，很多行业在发展了几年后，就迅速形成格局，强者恒强，壁垒越来越高，有新一点的公司冒出来会很快被打压或者被并购掉，越来越难以逆袭。所以我们可以选择的范围并不多，只能去投龙头公司，才最安全。而龙头企业，即使在退出方面受阻，只要企业盈利状况健康，保持增长速度，至少不必担心股份会缩水减值。

还有很重要的一点是要看管理人。

我们大多数人是做LP，也就是跟投的有限合伙人，GP（普通合伙人，也就是基金的管理人）拿的是不是第一手资源，有没有退出的话语权，退出能力强不强，这些也是需要考察的方面。现在很多市场追捧的好项目，分包商太多，每个人搞点额度就加一道费用转包给别人，很多情况下，资金转了好多手都不知道投到哪里去了，或者剥除了层层费用后能真正投到标的项目里的资金很少。这样的基金往往是去接盘的。

第二类股权投资基金是集合计划。**集合计划因为投多个项目，相对分散了风险，安全性会更高一些。**但是这类基金往往先募资再投项目，管理人的能力对基金的收益起决定性作用。

好的项目会找谁呢？当然找市场最好的创投基金，拿到一线创投基金的投资，就相当于获得了资本界顶级大佬的认可，这背书不是一般的强。而更加重要的是，一线创投基金非常重视投后管理，能利用自身丰富的平台和资源给项目赋能。可以这样说，好项目根本不缺钱，缺的是谁能给它带来资源。

这几年小创投基金越来越难生存，因为好项目大多被头部机构瓜分完了，好的项目投不进，投得进的项目不敢投。而一只头部创投管理人的基金，由于投资逻辑经过市场检验，加上底层资产足够分散，投资风险可能比固收产品还要小。

所以我们尽量抛弃自己去找项目的想法，去投头部的创投基金，最好投集合计划，这样才能充分分散底层资产的风险。

2. 如何考察股权管理人的能力

股权投资完整来看有募、投、管、退四个环节，我们要找的管理人必须在这四个环节能力都非常强。

募是募资。没有募资能力有项目也投不了。

投是找项目的能力。坏项目送上门，好项目要靠抢，如何分辨项目好坏，对大家争着要额度的好项目是不是能拿到额度，这体现的就是管理人的能力。

管是投后管理。投完项目还能够培育项目，为企业赋能，和企业共成长，这是一线管理人和战略投资人才有的能力。所以好的企业在挑选投资人的时候，也会考察投资人能给企业带来什么。

退是最重要的环节，没有之一。没有退出的项目始终是纸上富贵，只有落袋为安才是真正赚到了钱。股权项目的退出大多希望被投资企业上市之后在二级市场卖出，但是我国IPO政策的不确定性太高，这几年并购、转让甚至回购都成为不错的退出方式。这个时候就很考验管理人的资源和经验了。

股权投资的时间一定会很长，一般为5~7年。但是也不是说股权投资就完全没有流动性。我们如果做一个集合基金，合同里投资期可能会写5～7年，但是实际上每当有项目退出时就会分配收益，有时在中途，投资人的本金就已经全部回来了。

所以客观地去评价股权投资的风险和收益，我们用完全用不到的钱去配置一点股权投资基金是可以的，只是要尽量用安全的方式，还要调整好心理预期。如果要分享中国产业转型的成果，一级市场的机会还是很多的。

（六）了解一点儿金融衍生品

"金融衍生品"这个词是不是听起来很高深？因为陌生，很多人会把金融衍生品当成风险很高的投资品种。事实上，金融衍生品就是专业投资机构开发出来用于防范和对冲风险的工具，所以可不能跟高风险画等号。

随着我们国家的金融市场越来越开放，发展越来越完善，金融衍生品也会越来越丰富，所以对于投资人来讲，了解一点儿金融衍生品的知识，对你的投资也大有帮助。

期权就是一种常见的金融衍生品。

期权的买方有点像博彩里的买大小，比如我买一个挂钩中证500的看涨期权，支付了一点点期权费作为筹码，假设3个月后中证500涨了，我就赢了，我的收益是指数涨幅的倍数。如果跌了呢，我就只是输了期权费。

因为亏损有限，所以给了管理人做保本策略的空间。我们可以拿本金去做一个银行大额协议存款，用协议存款的利息去买一份期权。

这类期权结构可以设计得五花八门。可以看涨可以看跌，也可以限定在一个震荡区间，还可以触发式达到某个价格就结束。挂钩的方式在某一期限内可以是一次性观察，也可以是多次观察。无论结构是怎样，最后的结果是达到条件——术语叫"敲出"，我们就拿到一个高收益，或者没有达到条件，我们就仅仅损失了期权费——也就是一点存款利息，但是存款的本金还在。理论上，这类产品只有一种情况会亏损，就是当银行存款不能按期兑付时。

这种就是大家在银行，特别是外资银行中经常见到的结构化存款的运作方式，我们介绍的是买入看涨期权的玩法，事实上还有卖出期权的玩法，各种结构花样繁多可以满足难调的众口。

简单来说，期权就是一个买卖双方的合约，比如买入期权，就是约定了买方可以在未来的某个时间点以一个固定的价格买入资产的合约，而这个价格可能会比当时的市场价高，也可能会比当时的市场价低。

如果市场价更高，那买方用合约价格买入资产后马上可以在市场抛出，就赚到了差价。而如果市场价更低，买方可以选择不行权，这份期权合约就结束了，买方的损失就只是一点期权费而已。

所以期权最大的特点，就是买方和卖方的权利及义务并不对等。这使得投资人可以用有限的风险去博取更高的收益，在各种市场环境下都可以构建出合适的策略，实现收益增强、对冲、套利等投资目的。由于在各种市场状况下都有盈利的机会，使得投资收益的确定性增大，波动率被熨平了。

我在前面专门讲过波动率的事情，大多数投资人都是厌恶波动的，波动代表了不确定性，而单一的上涨或者下降的趋势，总是更好把握一些。但是有了期权这个工具后，由于买方的风险可控，收益有杠杆，使得波动成了一个好东西。波动越大，风险并没有放大，但是杠杆和收益都放大了。

　　举个例子，上证50ETF的场内期权有很多不同的期限和报价，我们可以把不同的报价列举出来绘制成一张图表。你会发现这张图不是一个平面，而是有一定的弯曲。这也很好理解，因为任何资产都有一个内在价值，叫"隐含收益率"。如果市场价格超过隐含收益率，在图上就表现为曲面上扬，明显就是市场高估了这个资产，应该卖出；而如果市场价格低于隐含收益率，在图上就表现为曲面下沉，就是低估了，应该买入。

　　这么复杂的计算，投资人怎么可能算得出来？

　　别着急，还记得我前面说过用计算机模型来操作的量化投资方法吗？如果根据这个思路用计算机模型写一段程序，让计算机去计算市场中成千上万的合约价格，选出低估的买入，选出高估的卖出，这就很方便了。

　　当然，期权的交易策略还不止这么简单，我们还有套利策略、波动性策略、方向性策略、事件交易策略等。其中，波动性策略是一种绝对收益策略，性价比较高，为境外对冲基金广泛采用。

　　2019年12月23日，上交所、深交所、中金所三大交易所正式上线了三个期权合约——上交所沪深300ETF股指期权，深交所沪深300ETF股指期权、中证沪深300股指期权，在孤独地等待了4年之后，上证50ETF期权终于迎来了三位新的小伙伴，A股期权界"F4"闪亮登场。

期权投资在市场上还处于方兴未艾阶段，只有一些聪明的资管机构在布局，场外资金正在入市。很多以前从事传统股票投资的投资人也积极参与到场内期权市场中来，因此说，资金和策略的格局是"新钱"多于"旧钱"，是一个值得关注的新赛道。

（七）从区块链说说新技术投资

说到新赛道、新技术，这几年最火的是什么呢？区块链！

2019年10月底，中共中央政治局就区块链技术发展现状和趋势进行了第十八次集体学习，中央领导明确强调把区块链作为核心技术自主创新的重要突破口，加快推动区块链技术和产业创新发展。这个新闻再一次引爆了区块链投资。好多人跑来问我：什么是区块链啊？怎么投资区块链呢？

别着急，我们先搞清楚什么是区块链。

1. 什么是区块链

说个最通俗的例子，现在要证明你和你配偶的婚姻关系只有一个方式，就是看民政局给你发的结婚证。你爷爷奶奶那辈没有民政局也就没有结婚证，那怎么证明他们结婚了呢？也很简单，把全村的人叫过来，请大家喝个喜酒，来喝酒的每个人都承认了他俩的婚姻关系，任何一个人都可以证明他俩是夫妻。

两种证明方式有什么不同呢？结婚证是有单一信用主体的，就是民政局，大家都信任民政局，这就叫"中心化"。靠父老乡亲来帮你证明的，就叫"去中心化"。

所以你看，区块链不是一个新事物，你爷爷辈就有了，根本就是一个复古的潮流。只是换了一个新名字你就不认识它了。

区块链不是一个新的思想，但却是一个新的技术。

中心还是非中心，说来说去还是信用的问题。以前的去中心化，是因为没有中心，不得已只能去中心，后来有了中央政府，有了有公信力的机构，人民当然更信任中央政府。但是现在全球局势越来越动荡，有很多国家政权也不太稳定，今天在明天可能就没了，婚姻状况还是个小问题，如果是货币呢？

所以中心化的好处是简单、高效，最大的风险是太过集中。

而去中心化，要更改一个信息，需要让每一个知道这件事的人都改个口，这个难度还是很高的，所以信息的安全程度提高了，但同时你也看到，写入或者更改一个信息真的挺费劲的，是一个非常低效且耗能的工作方式。

在区块链的技术中，要写入或者更改信息，需要告知你身边的每一个人，给周边每一个结点都做一次访问和更改，这个工程量非常大，对硬件和网络都有非常高的要求。这也是为什么现在才可能出现实现区块链思想的技术。

2. 区块链相关的投资

之前有一个段子：中兴事件后，创业者们纷纷将商业计划书的关键词由"区块链"改成了"芯片"，其他内容则原封不动。国家层面发声后，这些人又加班加点把申报材料中的"芯片"改回"区块链"。

想想互联网行业每一个新事物出来，都经历过这样全民普及的风口。芯片的事情，正是说了2018年炒作的人工智能概念。

一个新技术从出现到发展再到成熟，一般要经历这样几个阶段：从产生思想，到生产硬件，接着开发算法和软件，最后才到应用层面。

而我们的投资一般也要遵循这几个步骤来，千万不能超前。思想刚出现的时候，你去投应用层面的项目，一定会死，因为硬件没到位，其他方面也还有瓶颈。

所以你看，最早玩区块链的那群人，都去挖矿了，挖矿是一个应用层面的项目，赚钱的是谁呢？卖矿机的，也就是做硬件的。

想想之前互联网行业的每一个风口，电商的红火，如果没有制造业退潮，退出了大量劳动力进入快递行业，如果没有支付宝的出现，解决了支付信任的问题，也绝不可能火起来。人工智能也是从芯片开始投起，接着到算法类企业，到软件类企业，然后再到应用层面的企业。

风继续吹，一会东南风，一会西北风。我们做投资，到底是做风的朋友还是时间的朋友？在区块链这个风口上，挖矿的、炒币的，确实有一部分眼疾手快的投资人赚到了钱，但那不是每个人都可以赚到的钱。

我是一个比较慢的投资人，追不上风就只能跟时间交朋友了。最好的投资机会有确定的盈利模式，投资价值会随着时间的推进愈加彰显，而不必在意是否错过某一个风口。

（八）小新和小爱的家庭资产配置

小新听从我的建议，把资金从银行理财产品里拿出来，并整合了存款和一部分股票，腾出了100多万元资金。其中一部分因为要在一年后用于生育，所以留了20万元放在生育金账户里，做了一个绝对收益基金，年化收益率为8%~10%，波动率不超过5%。这样一年后这笔钱就可以增长到22万元左右。

剩下的资金都放到蓄水池账户里，我们建立了一个稳定生息的资产组合，用了一个底层资产投资于商品期货的量化策略产品，每年可以产生确定性比较高的20%的收益率，波动率在10%左右。一年可以补充20多万元的理财收益，也可以基本覆盖每年24万元的家庭开支。

每一类资产都有自己的周期，

时而在低点，时而又转到高点。

当然，等孩子出生之后，家庭的开支会增加，到时需要重新调整投资方案。

小爱出于对家庭资产结构的考虑，把房产出售变现了200万元，这样可投资资金更多了，投资组合也更加丰富了。我们搭配了两只量化基金和一只做了分红设计的股指增强基金，另外投了200万元海外的股债平衡生息资产。这个组合正常情况下每年可产生50万～58万元的理财收入，完全覆盖了家庭总支出。

孩子的教育金，我们用了保险+基金定投的组合。小爱之前做的年金保险，到孩子读书的时候可以积攒100万元左右的资金。而家里每月盈余的2万元，我们做了两个基金定投的组合，用来给孩子做教育金的储备。如果按照10%的平均收益率计算，9年下来可以积攒320万元左右的资金。考虑到孩子留学是需要外汇的，家用账户里的外币资产也可以用来做孩子的留学储备。这样我们就给孩子规划了500万～600万元的教育金，足够未来的开支。

八

那些走向
财富自由的人儿

完成资产配置后如何回顾和跟踪?

我每天的工作都在为客户做财富规划方案，看着客户按照方案执行，一步一步走向财富自由是我最欣慰的事情。这章我再来分享一些真实的案例，也许你可以找到自己的影子。

（一）一对新婚夫妇的财富自由

一对新婚夫妇找到我来做家庭财务规划。

妻子说："我们刚刚结婚，涉世未深，未来想要更美好的生活，首先经济上不能拖后腿。"年纪轻轻就有这样的意识，必须要给这位咨询人点个赞。

这次报告花费了我2周的时间，但是规划出来的结果令人非常惊讶，在征得咨询人同意后，我来分享一下这个案例。

案例描述

咨询人小希和先生住在上海，今年刚刚完婚，是一对非常典型的80后年轻白领夫妻，30岁上下，父母帮助其全款买了房子，在市区偏一点的地方，为了上班方便，他们在市中心租了套房子住。夫妻二人工作稳定，身体健康。小两口计划3年内要孩子。

理财目标是给3年内要出生的孩子存一笔奶粉钱。

第一步是梳理小希家庭的资产状况。

经过和小希的详细沟通，我梳理出了该家庭的资产负债表。

小两口积累了700万元的净资产，即使是在上海这样的一线城市也算是比较有家底的。在财富人生中已经跳过了原始积累的第一阶段，进入了第二阶段。

第二阶段的主要目标是增加理财型收入，规划现金流，实现财富自由。所以我增加了一项此次理财规划的目标：实现财富自由。

具体看家庭的资产布局，就会发现一些可以调整的地方。

第一点是固定资产比例占到家庭总资产的80%以上，在可见的未来，固定资产已不能带来明显的增值效应，财富增长会停滞。由于有亲戚居住，家庭的主要资产使用效率极低，既没有带来租金收入，也没有盘活带来其他投资回报。

第二点是金融资产中预留了充足的流动性资产，对于突发事件有很好的应对能力。但是投资组合综合收益率低于5%，在当下需要提高金融投资的比例，并且改善金融投资的结构。建议保留少部分做应急资金——一般金额不超过6个月家庭开支，即5万～6万元，其余资产做一个资产配置。

第三点是家庭风险抵抗能力不足，这点很重要，年轻家庭刚刚组建，夫妻二人都没有买过保险。两人虽然有一定的积蓄，可一旦发生重大疾病或其他风险事件，对家庭经济的打击非常大，分分钟又被打回第一阶段重新积累。

第二步是梳理收入支出。

小两口的家庭收支表很干净，家庭收入稳定，支出简单，每个月结余不少可投资金额，可以规划的空间很大。考虑到两个人都很年轻，支出方面我增加了继续教育支出，这部分支出在2019年也有个税的抵扣，所以非常建议年轻人多投资自己，学点东西。不一定要考个学历，学一门语言、一个技能，以及参加一些培训课程，都是非常好的自我增值。

第三步是做好家庭保障规划。

水手起航之前，总要先检查救生圈。开始投资之前，我们也先做好保险的筹划。

夫妻双方除了社保之外，还没有配备商业保险。由于太太在医院工作，医疗资源相对充足，医疗险可以社保为主。但是最基本的重疾险需要尽早配备，越早买保费越便宜，同时健康状况较好核保相对容易。未来如果考虑贷款买房，还需要配备定期人身寿险。

重疾险是唯一可以生前给付的险种，对于普通家庭来说是必不可少的救命钱，用于弥补被保险人罹患重疾时的医疗费用、康复费用和薪酬损失。结合目前重疾治疗费用和夫妻二人收入状况，建议配置至少50万元等值的重疾险，每个月支出也就增加了2000元左右。

考虑到夫妻二人的投资风险偏好属于稳健型，也可以配置一部分储蓄型保险做养老规划。年金型保险具有强制储蓄、增值稳定、未来现金流确定性高的特点，非常适合用来做家庭资产配置的底层资产，可以用来做夫妻各自的养老金或者未来小孩的教育金这类刚需目标的规划。每年缴7万元左右，相当于月储蓄6000元，30年后可以筹得300万元左右的资产。

第四步是设计资产配置方案。

原有的金融投资基本都在低风险资产里，首先我建议小两口把存量公积金取出来，这并不影响未来使用公积金贷款的资格和额度。现行住房公积金存款利率才1.5%，不适合长期存续。因为家庭有房产，提取公积金是很方便的事情，将这笔钱取出来，整体可投资金额超过100万元，甚至达到了私募基金的投资起点。

考虑到夫妻二人稳健的风险偏好，我给出一个资产组合的方案，在7%的波动率前提下实现10%的年化收益率。在这份方案里，中低风险的资产可以有稳定的现金流，但是收益率太低。年轻家庭应该敢于承担投资风险，因为还有很长的时间可以等待经济周期。而且A股现在无论如何都是在底部区域，适合做长期投资。

另外，每个月的现金流可以做一个长期的储蓄。我用了储蓄型保险和基金定投做了一个组合，每个月投入9000元左右，3年后可以累积30万元左右的资产，足以应对生育目标。

这样设计出来，现金流依然保持正向，但是财富自由度提高到18%，这里没有算上股票型基金的收益，如果拉长时间维度算上所有的理财收益，财富自由度可以提升到50%。

如果要进一步提升财富自由度，还要增加一些有良好现金流的投资。

接下来，我还做了一个非常大胆的规划。

和很多勤俭家庭一样，这个家庭的负债率为零，整个资产负债表非常干净，体现了夫妻二人踏实稳健的品质。很多人害怕负债和杠杆，总觉得有债在身，睡不踏实。其实和企业一样，不使用杠杆的财务方案增值是很慢的。

使用杠杆的前提是，投资方案的收益率大于融资利率，另外要保持正向的现金流。

家庭现有上海房产价值610万元，在银行可抵押贷出最多七成即400多万元资金，现行抵押贷款利率为5%～7%。我们假设在安全的负债率范围内（50%）贷款300万元，贷款利息为6%，每个月还息，到期一次性还本。贷款资金可以做一些增加现金流的实业投资和私募基金。测算下来每月可增加1万多元的正向现金流。

需要特别注意的是，实业投资需要找到合适的机会，慎重考虑。

这样规划下来，资产负债率只提升了26%，在合理的范围内。家庭的资产分布更加多元化了，从某种程度上说，投资风险是更平滑了。最重要的是，投资收入完全覆盖了总支出，财富自由度超过了100%，实现了财富自由！

小希看完我的规划方案，非常开心。不仅仅因为突然发现多一部分公积金的钱可以取出来——我发现身边很多人都是不知道的——也因为对未来生活有了更明确的把握。

整个方案涉及财务、保险、金融、投资各个层面，还需要时间去消化和执行。家庭的幸福之舟刚刚开始启航，我建议咨询人定期做一下财务复检，让家里每一个人都清楚了解财务状况，并根据家庭发生的变化调整财务方案，相信这样的聪明主妇一定可以把幸福牢牢抓在自己手上。

（二）一年前被我劝住没买房的朋友现在怎样了

2018年这个时候，朋友琳琳卖了套房子，手上一下子多出300万元。她请我吃了顿饭问我该怎么处理这笔钱？继续买房还是做其他投资？

琳琳的情况有点特殊，她家有一套房子，但是没有自己住，自己现在是住在CBD（中央商务区）一套租的房子里，每月租金10000元。但300万元肯定不够买下租的这套房子。

我问她："那你买房，到底是自住还是投资？"

她想了半天，说："还是投资可能性大一点。"

我说："那就别买了。"

我给她做了一套投资方案，她的风险偏好为中等偏谨慎，需要良好的现金流，我便给她搭配了一只债券基金，一个固定收益产品和一只量化投资基金。

一年后给她做资产回顾，真实地看到赚了些钱，用来覆盖租金和日常生活开支绰绰有余，她惊喜地叫道："天啦，我是财富自由了吗？"

无独有偶，2018年小鸥也是一直在犹豫要不要买房，2019年终于下定决心来找我做金融投资，我给她搭配的资产组合也是以构建稳定的现金流为目标，现在每个季度有5万多元的收益，建立起了她的理财型收入。

小鸥笑称："以前觉得你们的投资门槛好高，给自己定的目标就是要成为你的客户。决定不买房子之后，整理一下资金，觉得手头宽松多了！"

这些都是初次体验金融投资的客户，我会搭配波动率低的组合，适合家庭理财。用5%的波动率构建超过M2收益率的组合，是一个切实可行的理财目标。

前面我说了，房地产上涨了10多年之后，已经涨不动了。不要挑战政府"房住不炒"的决心，就目前的局面来看，楼市横盘已是最好的现状。不是叫你不要买房，把房子当成商品，有刚需还是要买。但是很多中产家庭，手握七八套房产，一方面知道财富增长在停滞，另一方面又摆脱不了过往10年靠买房致富的路径依赖。舍不得卖掉房子，至少要盘活它，让不动产动起来。

我给你展示了除了买房之外，家庭理财的另一种可能性。市场上的投资品种越来越丰富，鸡蛋可以放的篮子也越来越多，有很多好篮子等着你去发现。

（三）年支出50万元的中产家庭如何自救

有位年轻妈妈来找我做家庭财务咨询。她见到我时很焦虑，说感觉钱就是不禁花，夫妻二人一个在事业单位，一个在公司做中层，家庭月收入5万元，还是觉得手头很紧。

初步沟通之后，我先让她填一份财务问卷，她用了1周的时间才回复给我，算是迄今为止最慢的一位客人。

"开支实在太多了，很多想不起来。"她很抱歉地说。我拿出整理好的财务报表给她看时，她目瞪口呆。

家庭收支表上显示，她家每个月的支出接近5.5万元，而收入只有5万元，每个月赤字5000元。好在家庭资产负债表显示家底比较厚，净资产800万元，还是有吃老本的底气的。

她恍然大悟："怪不得总感觉坐吃山空！"

钱都花到哪儿去了？

仔细看一看：两栋房子房贷11000元，一家人的重疾险费用一年80000元，算到每个月支出6600元，两边老人家每个月各给3000元，孩子上幼儿园6000元，兴趣班2000元，水电管理费1000元，吃喝拉撒6000元，交通费2000元，购物费4000元，娱乐人情费5000元，保姆工资5000元……合计一共54600元。

这几乎是大部分中产家庭的真实写照：上有老下有小，注重生活品质，背负着房贷的压力，却赶不上通胀的速度。

改善经济状况，无非就是开源、节流两种方式。一般情况下，我们都会先想到节流，减少不必要的开支。

把支出项目归一归类，我们得到一张家庭支出结构图：

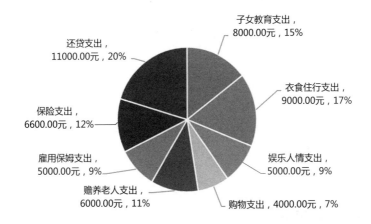

子女教育、赡养老人、衣食住行属于刚性支出，占到总支出的40%以上，几乎没有调整的空间。娱乐人情、购物、雇用保姆等属于弹性支出，似乎能缩减一点，但是这会影响家庭的生活品质。

中产家庭非常注重生活品质——我那么辛苦打拼，不就是为了更好的生活吗？如果水果自由也没有，要财富自由有何用呢？何况，家庭开支里面很大部分是子女教育，这是每个中产家庭心中的一朵花，一朵可以像杰克的魔豆一样一直生长，冲破禁锢，实现阶层跨越的花。

还有一个原因是年轻的高收入人群，对自己的赚钱能力非常有信心，并不害怕未来会没钱花。所以缩减弹性支出，也是一件极痛苦的事情。

保证生活品质还要从开源做起，既然节流不管用，我们来试一下开源。我拿出客户的家庭资产负债表："我们从这里入手，给家庭增加一些收入来源。"

1. 盘活固定资产

客户两套房子价值700万元，一套自住，一套空置在郊区。两套房子都有贷款，贷款余额230万元。如果贷款还掉，每个月减少了1万多元的支出，这似乎是一个好办法。但是房贷的平均贷款利息仅有4%，是所有贷款里最低的，而且仅有买房的时候才能享受这么低息，还掉就太可惜了。正确的做法应该是想办法让不动产动起来，让它创造收入。

郊区的房子租金回报很低，所以既没有租出去，也没有拿来做其他用途，只是空在那里，想象着什么时候过去住一下，每个月白白付房贷。

客户可以考虑把郊区的房子置换成市中心的房子，哪怕小一点，每个月也至少可以增加3000元租金收入。而且市中心的房子比郊区的更保值，从投资的角度来看也更适合。

2. 增加金融投资

金融方面的投资到目前为止都是失败的，几十万元套牢在股市里，几十万元在银行做低息理财，还有几十万元现金一直放在货币基金里睡觉。大概算了一下，七七八八竟然有200万元呢。

我建议她做一个年化收益率为7.8%的信托，以及一只有10%以下的波动但是收益率为每年都稳定在15%左右的量化基金。

这样的投资组合，每年可以给她带来20万元左右的理财型收入。

3. 开始基金定投

客户之前买的保险，有很大一部分是储蓄型保险。作为家庭的底层资产，保险虽然很重要，但是投入太多会影响资产组合的流动性和收益性。

给孩子存教育金，并不是只有保险一种方式，保险+基金定投反而是我更推荐的组合。我建议她每个月增加5000元的基金定投。

制订了调整计划后，没想到才过2个月，客户就又约我见面了。

"我按照老师的建议，做了基金定投。"

"那很好啊！"

"你给我推荐的那只基金涨得很好哎！所以我把定投的金额增加到了每个月1万元。然后我发现，好像也没比之前感觉手头紧，有些可有可无的花费我自己就砍掉了……"

我很高兴："恭喜你开始了解投资的魅力啦。"

赚钱获得的成就感抵御了过度消费的诱惑，这是强制储蓄带来的意外惊喜呢！

（四）投得太分散也很烦恼

市场行情好的时候，每天都有客户来问：某某基金能不能买？

更夸张的是有一天，某公募基金公司单只基金募集了1200亿元。

有温度的财富自由。

一到市场行情好的时候，爆款基金就层出不穷，爆款之所以能爆，是因为基金公司或者基金经理曾经创下过好业绩。且不说曾经是否代表未来，爆款基金的低配售率解决不了真正的配置问题。

像单日卖了1200亿元的这只基金，其实限售规模才60亿元，100万元买进去才能配到5万元……照这种买法，100万元各个都买爆款，不配个十只八只基金根本配不完。

那么问题来了：**持有十几只基金是什么感觉呢?**

我给客户做复盘的时候就碰到了。几百万元的资金，结束投资的有18只基金，持有的18只基金，定投过12只基金，除去做了一些100万元起点的私募类投资之外，公募基金持有16只，非常分散。

仔细盘点一下，客户虽然投得很多，但是资产并没有真正分散，持有的16只公募基金里面，1只是债券基金，其他都是股票型基金。股票型基金里面，主动管理型基金有4只，行业和板块基金8只，指数基金3只。从风险分类来看，虽然投了那么多只股票型基金，但是低风险投资的比例还是很高，股票型基金的比例对于她的年龄来说偏少了。从投资币种方面来看，外币资产也偏少。

投资结果也是参差不齐,除去几只刚刚投的基金,有几只基金是买了有大半年都没有赚钱的,或者是去年曾经大赚过现在又回吐掉不少。已经赎回的十几只基金里面,也是盈亏各半,有好几只都仅持有一个月。

为什么会这样呢?

一方面,从选基金来看,不同的基金其实是根据不同的投资逻辑选出来的。

比如,主动管理型基金还是指数基金,是根据收益来源的不同来选择的。指数基金只能拿到市场的平均收益,而主动管理型基金可以拿到市场的超额收益。但是买行业基金又是另外一个逻辑,是根据投资方向来选基金,要考虑行业板块的轮动,对基金的调仓择时要求很高。如果行业基金全配齐,和买一个全市场基金又有什么区别呢?而同一个投资方向、投资方法的基金也配两三只,就更加没有必要了。

另一方面,从择时来看,客户平时自己工作很忙,很难跟得上调仓的节奏。

板块轮动很快,市场风格转变也很快。2018年基金抱团的蓝筹白马2019年全部趴下，创业板比上证指数多涨了23个百分点。如果我们跟不上市场的节奏，最好的方法就是卧倒不动，而不是频繁换手，频繁换手很容易造成踏错节奏步步错的结果。

怎样能避免这样的情况呢？ 我们需要对资金的使用做统一的安排。

这个客户这几年一直在纠结买房的问题，因为这个决策迟迟未落定，导致资金的流动性无法明确，很难做出有效的安排。

我前面介绍过流动性配置法，抛开道德风险不说，选择哪种产品完全看你对资金使用期限的安排。如果是短期要用的钱，就不能选波动太大的产品，要放到确定性高的产品里面，如果是长期不用的钱，就可以大胆地放到高收益空间的产品里面去。

做家庭理财可以把资产分成几个虚拟账户，比如用零钱包做我们的应急账户，家庭资产必须要保持一定的流动性来应对突发事件。

置业、嫁娶、生育、旅游等，这些在三五年内要实现的愿望，是我们的中短期理财目标。你可以根据不同的目标取一个不同的名字，建立不同的理财账户，专款专用。

如果有孩子，我们就需要给孩子设立教育金账户了。家庭里的成人要给自己设立一个专门的养老金账户。教育和养老是长期的理财目标，每个家庭都应该尽早规划，而且因为投资期限长，我们可以放心大胆地买高波动性的产品。

如果以上几个账户都规划完了还有剩余资金，那么恭喜，你真是个理财小能手，你可以把结余的资金放到蓄水池账户里来增值生息。蓄水池生息的资金可以覆盖家庭支出，也就实现财富自由啦。

这个客户的案例不是个案，很多人在理财上都经历了这样的心路历程：一开始什么都不敢买，后来行情好的时候什么都想买一点，再后来买了卖，卖了买，做短线炒波段，最后发现还是需要系统地规划，长期坚定持有才是最省时省力的方法，投资效果也最好。

我们为自己的目标努力，为自己的投资负责，那么在理财这件事情上，可以考虑得更系统一点、周全一点。

一个理财师的自白

我从事金融行业14年，前10年在国有大型银行，后4年到一家知名的基金公司旗下的财富管理平台。这十几年可以说是见证了中国财富管理行业从无到有，从产品单一到繁复多样，也经历了几轮牛熊转换，看过了各种不同的市场。

长期在一线服务，我也经历了从卖产品到为客户提供解决方案的这一转变。我开通了咨询服务，近一年接受了上百个家庭的财务咨询，深切感受到这些家庭的财务焦虑，有个性的，也有共性的。

每个家庭都需要一个理财师，正如每个家庭都需要一位家庭医生一样。

客户的财务问题是五花八门的，有些客户手上有七八套甚至十几套房子，然后说自己没钱用，这在中国是很普遍的家庭财务状况，跟感冒一样普遍。我得先帮他们分析家庭财务状况，告诉他们是资产结构出了问题。

有些客户之前投资总是失败，我得帮他们分析风险承受能力，找到风险和收益的平衡点。

也有客户拿着几百万几千万元来问我有什么产品，这个时候我得分析他们的家庭理财目标，然后根据这个目标制订合适的投资计划。

所有这一切，都不是简单给个理财产品就完事的。

过去20年，整个金融行业都在解决"药"的问题。没错，"药"很重要，没有"药"这个行业形不成闭环，医生给病人做了诊断不开药，还是解决不了病人的问题。

但是没有医生呢？病人只会自己瞎诊断，乱吃药，不但解决不了家庭的财务问题，严重的还会越来越糟，甚至血本无归。

更糟糕的是，一些财富管理行业的从业人员本质上说只是理财产品的销售，他们对客户不做诊断，不管什么"病人"来了，都只把产品塞给他，就像只会卖药的医药代表。

如果我们把做投资的资管行业比喻成药厂，财富管理行业就是医院。资管行业把产品给理财师，就像药厂把药给医生。理财产品只是工具，理财师才是那个解决客户财务问题的医生。

医生并不需要会制药，但是医生应该要会诊断病人的病情，知道怎么把合适的药给合适的病人。

而病人的病又是高度统一的，没有别的病，就是穷嘛。没钱的想有钱，有钱的想更有钱。但是他们不知道怎么变得有钱或者更有钱，理财师得教他们。

这就是理财师的另一个角色定位：健身私教。

这个私教，得教你怎么选基金，怎么买股票，怎么看市场行情，怎么做资产配置。跟健身教练要教你怎么跳操，怎么撸铁，怎么降脂，怎么增肌，是一个道理。

私教的课不是一天上得完的，要实现你的塑形计划，他至少得跟踪你一年半载，还得天天追着犯懒的你，监督你好好锻炼，不要吃垃圾食品。理财师也不是给你个理财产品就完事的，买完产品才是服务的开始，需要长期的服务和跟踪。市场如果下跌，得陪着你一起熬过寒冬；市场如果上涨，得带着你享受时间的价值。

理财师得在市场恐慌的时候打消你的疑虑，叫你建仓；

在市场过热的时候给你的贪婪降温，叫你减仓。

我有一个客户说，理财师解决了财富管理行业最后一公里的问题。这一公里，连接了好资产和投资人，需要的是耐心、温情、专业和恒心。

期待更多的小伙伴能够遇见塔拉庄园，逐渐信任我们，信任我们的理念，信任我们的专业，通过执行我们的方案走上财富自由的道路。

你们的财富自由，就是让理财师感到最幸福的事情。